世纪英才中职项目教学系列规划教材（机电类专业）

机 械 基 础

李尤举　张九霞　主　编

赵　青　胡翠红　赵彦姿　鄢明新　副主编

人民邮电出版社

北　京

图书在版编目（CIP）数据

机械基础 / 李尤举，张九霞主编. —— 北京：人民
邮电出版社，2011.2 (2019.12 重印)
世纪英才中职项目教学系列规划教材. 机电类专业
ISBN 978-7-115-24459-8

Ⅰ. ①机… Ⅱ. ①李… ②张… Ⅲ. ①机械学—专业
学校—教材 Ⅳ. ①TH11

中国版本图书馆CIP数据核字(2010)第234130号

内 容 提 要

本教材以中等职业技术学校机械类专业教学计划、教学大纲和国家职业资格标准为依据，为满足《机械基础》教学模式和方法的改革创新而编写。

本教材包括齿轮减速器、铣床主轴传动系统、微调镗刀、空气压缩机、内燃机配气机构、牛头刨床的横向进给机构、液压千斤顶、气动剪板机共 8 个教学项目，涵盖了机械传动（带传动、链传动、螺旋传动、齿轮传动、轮系），机构（铰链四杆机构、凸轮机构、间歇运动机构、变速机构、换向机构），轴系零件（轴承），连接件（螺纹连接件、联轴器），液压传动与气压传动等教学内容。

本教材适用于中等职业技术学校及技工学校机电类专业及相关专业课程的教学，也适用于各培训机构的培训教学，并可作为社会从业人士的自学用书。

世纪英才中职项目教学系列规划教材（机电类专业）

机 械 基 础

◆ 主　　编　李尤举　张九霞

　　副主编　赵　青　胡翠红　赵彦娈　鄢明新

　　责任编辑　丁金炎

　　执行编辑　郝彩红

◆ 人民邮电出版社出版发行　　　北京市丰台区成寿寺路 11 号

　　邮编　100164　电子邮件　315@ptpress.com.cn

　　网址　http://www.ptpress.com.cn

　　北京鑫正大印刷有限公司印刷

◆ 开本：787×1092　1/16

　　印张：10.25　　　　　　　2011 年 2 月第 1 版

　　字数：246 千字　　　　　2019 年 12 月北京第 8 次印刷

ISBN 978-7-115-24459-8

定价：21.00 元

读者服务热线：(010)81055256　印装质量热线：(010)81055316
反盗版热线：(010)81055315
广告经营许可证：京东工商广登字 20170147 号

世纪英才中职项目教学系列规划教材

编 委 会

丛书前言

2008 年 12 月 13 日，教育部"关于进一步深化中等职业教育教学改革的若干意见"【教职成〔2008〕8 号】指出：中等职业教育要进一步改革教学内容、教学方法，增强学生就业能力；要积极推进多种模式的课程改革，努力形成就业导向的课程体系；要高度重视实践和实训教学环节，突出"做中学、做中教"的职业教育教学特色。教育部对当前中等职业教育提出了明确的要求，鉴于沿袭已久的"应试式"教学方法不适应当前的教学现状，为响应教育部的号召，一股求新、求变、求实的教学改革浪潮正在各中职学校内蓬勃展开。

所谓的"项目教学"就是师生通过共同实施一个完整的"项目"而进行的教学活动，是目前国家教育主管部门推崇的一种先进的教学模式。"世纪英才中职项目教学系列规划教材"丛书编委会认真学习了国家教育部关于进一步深化中等职业教育教学改革的若干意见，组织了一些在教学一线具有丰富实践经验的骨干教师，以国内外一些先进的教学理念为指导，开发了本系列教材，其主要特点如下。

（1）新编教材摒弃了传统的以知识传授为主线的知识架构，它以项目为载体，以任务来推动，依托具体的工作项目和任务将有关专业课程的内涵逐次展开。

（2）在"项目教学"教学环节的设计中，教材力求真正地去体现教师为主导、学生为主体的教学理念，注意到要培养学生的学习兴趣，并以"成就感"来激发学生的学习潜能。

（3）本系列教材内容明确定位于"基本功"的学习目标，既符合国家对中等职业教育培养目标的定位，也符合当前中职学生学习与就业的实际状况。

（4）教材表述形式新颖、生动。本系列教材在封面设计、版式设计、内容表现等方面，针对中职学生的特点，都做了精心设计，力求激发学生的学习兴趣，书中多采用图表结合的版面形式，力求学习直观明了；多采用实物图形来讲解，力求形象具体。

综上所述，本系列教材是在深入理解国家有关中等职业教育教学改革精神的基础上，借鉴国外职业教育经验，结合我国中等职业教育现状，尊重教学规律，务实创新探索，开发的一套具有鲜明改革意识、创新意识、求实意识的系列教材。其新（新思想、新技术、新面貌）、实（贴近实际、体现应用）、简（文字简洁、风格明快）的编写风格令人耳目一新。

如果您对本系列教材有什么意见和建议，或者您也愿意参与到本系列教材中其他专业课教材的编写，可以发邮件至 wuhan@ptpress.com.cn 与我们联系，也可以进入本系列教材的服务网站 www.ycbook.com.cn 留言。

丛书编委会

Foreword

随着中等职业教育教学改革的不断深化，教学模式和方法的改革创新需要与之相适应的新教材。本教材在编写过程中吸纳各地中等职业技术学校机电类专业的教改成果，总结前人教材的经验，打破传统课程章节，跳出理论知识框框，以国家职业资格标准为依据，将相关基本理论知识和基本技能恰当地安排到各项目任务中，理论知识教学和技能训练并重，以满足企业对技能人才的实际需要。

本教材的特点主要有以下几点。

第一，充分体现项目教学的要求，以实际工作过程系统化的课程为切入点，按项目任务组织教学内容。本教材以通用的机械设备或常见的机械部件为载体，根据典型工作任务设计课程体系和安排教学内容，打破传统教材的理论知识章节框架体系。

第二，理论知识教学和技能训练并重。本教材每个任务均有任务学习目标、任务情景创设、基本知识、基本技能和任务学习评价 5 项内容。通过各项目、任务的教学，使学生掌握机械基础课程的基本内容，并掌握相关基本技能。

第三，按照行动引导编写思路组织各项目和任务涉及的内容，做到"理论学习有载体、技能训练有实体"，有利于激发学生的学习热情，使学生在获得知识和技能的同时获得成就感。

第四，专业能力、方法能力、社会能力兼顾，突出职业道德教育与职业能力培养。

本教材理论知识内容结构和传统教材的知识结构对照如下表。

本 教 材			传统教材
项 目	任 务	基 本 知 识	
导学		一、机器和机构 二、构件和零件 三、零件的连接方式 四、机械传动的分类	绪论
项目一 齿轮减速器	一、拆装箱盖	一、螺纹的概念和种类 二、普通螺纹的主要参数 三、普通螺纹的标记 四、螺纹连接零件 五、螺纹连接的基本形式 六、螺纹连接的防松 七、销和定位销	螺纹连接、销连接

续表

本 教 材			传统教材
项 目	任 务	基 本 知 识	
项目一 齿轮减速器	二、拆装滚动轴承	一、轴承的种类和应用 二、滚动轴承的结构和类型 三、常用滚动轴承的种类 四、滚动轴承的代号 五、滚动轴承类型的选用原则 六、滚动轴承的组合安装 七、滚动轴承的润滑与密封 八、滑动轴承	轴承
	三、拆装齿轮	一、平键连接 二、其他键连接 三、轴上零件的其他周向固定方法	键连接、销连接
	四、认识齿轮	一、齿轮的类型 二、渐开线齿廓 三、直齿圆柱齿轮的几何要素 四、直齿圆柱齿轮的基本参数 五、标准直齿圆柱齿轮几何尺寸的计算 六、其他类型齿轮	齿轮传动
	五、分析减速器的传动	一、齿轮传动的应用特点 二、直齿圆柱齿轮传动 三、斜齿圆柱齿轮传动 四、直齿圆锥齿轮传动 五、齿轮齿条传动 六、齿轮轮齿的失效形式	齿轮传动
	六、分析输出轴	一、轴的类型 二、轴的结构 三、轴的材料	轴
	七、分析蜗杆减速器的传动	一、蜗杆传动的组成和类型 二、蜗杆传动的传动比和特点 三、蜗轮转向的判定	蜗杆传动
	八、拆装联轴器	一、刚性联轴器 二、挠性联轴器 三、安全联轴器	联轴器
项目二 铣床主轴传动系统	一、认识轮系	一、轮系概述 二、定轴轮系中各轮转向的判定 三、定轴轮系传动比的计算 四、定轴轮系中各轮转速的计算	轮系
	二、分析铣床主轴传动系统	一、有级变速机构 二、无级变速机构 三、换向机构	变速机构、换向机构
项目三 微调镗刀	一、分析台虎钳的普通螺旋传动	一、传动螺纹 二、普通螺旋传动	普通螺旋传动

续表

本　教　材			传统教材
项　　目	任　　务	基　本　知　识	
项目三　微调镗刀	二、调整微调镗刀	一、差动螺旋传动 二、差动螺旋传动的应用形式	差动螺旋传动
项目四　空气压缩机	一、更换空气压缩机的V带	一、带传动概述 二、V带传动 三、平带传动 四、带传动的张紧	带传动
	二、分析空气压缩机的工作原理	一、铰链四杆机构的组成和基本形式 二、曲柄摇杆机构 三、双曲柄机构 四、双摇杆机构 五、铰链四杆机构形式的判别 六、曲柄滑块机构	铰链四杆机构
项目五　内燃机配气机构	一、更换齿形带	一、齿形带传动 二、链传动	带传动、链传动
	二、更换凸轮轴	一、凸轮和凸轮机构 二、凸轮机构的特点 三、凸轮机构的分类	凸轮机构
项目六　牛头刨床的横向进给机构	调整牛头刨床的刨削进给量	一、棘轮机构 二、槽轮机构	间歇运动机构
项目七　液压千斤顶	分析液压千斤顶工作原理及传动系统回路	一、液压传动的概述 二、液压传动系统的压力与流量 三、液压零件 四、液压基本回路 五、液压传动系统应用实例	液压传动
项目八　气动剪板机	分析气压传动系统	一、气压传动概述 二、气源装置及气动辅助零件 三、其他常用零件	气压传动

本书由李尤举、张九霞主编，赵青、胡翠红、赵彦娈、鄢明新任副主编。

由于编写时间及编者水平有限，书中难免有错误和不妥之处，恳请广大读者批评指正。

编者

Contents

导　学

　　机械是人类进行生产劳动的主要工具，也是生产力发展水平的重要标志。机械的使用使人类减轻了劳动强度，改善了劳动条件，提高了劳动生产率。生产实现机械化和自动化的水平，对国民经济的发展有着重要的影响。中职学校的学生是现代技术的后备军，将来要直接使用各种机械设备；而《机械基础》这门课程的学习和训练，能使我们掌握各种机械设备的构造原理和运动规律，并初步掌握相关的一些基本技能；所以，作为一名中职学校的学生必须努力学好《机械基础》这门课程。

　　我们在生产和生活中使用着的各种机械，如车床、电动机、汽车、摩托车、内燃机、台虎钳、游标卡尺等，它们的组成结构是怎样的？在组成结构上有共同点吗？机械又可以进行什么样的分类呢？

一、机器和机构

　　机械按照其功能的不同可以分成机器和机构。

1. 机器

　　机器的种类繁多，形式各不相同，但都是由机械零部件组成的。

　　摩托车由发动机、传动装置、行走装置、车体和操纵机构等部分组成。做为代步工具，它可以做有用的机械功，减轻人的劳动。

　　图 0-1 所示为单缸四冲程内燃机，它的主要零部件有齿轮 1 和齿轮 2、凸轮 3、排气阀 4、进气阀 5、汽缸体 6、活塞 7、连杆 8、曲轴 9。当燃气推动活塞 7 作直线往复运动时，经连杆使曲轴 9 作连续转动。凸轮 3 和顶杆是用来开启和关闭进气阀和排气阀的。在曲轴和凸轮轴之间两个齿轮的齿数比为 1：2，使其曲轴转两周时，进排气阀各启闭一次。这样就把活塞的运动转变为曲轴的转动，将燃气的热能转换为曲轴转动的机械能。

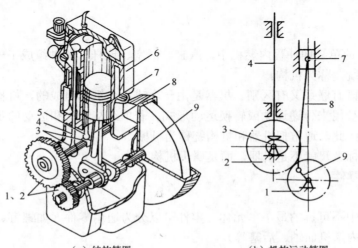

(a) 结构简图　　　　　　　(b) 机构运动简图

1、2—齿轮；3—凸轮；4—排气阀；5—进气阀；6—汽缸体；7—活塞；8—连杆；9—曲轴

图 0-1　单缸四冲程内燃机

摩托车和内燃机都是机器。我们从此可以看出，各种机器尽管有着不同的形式、构造和用途，然而都具有下列 3 个共同特征：① 机器是人为实体（零部件）的组合；② 机器的各运动实体之间具有确定的相对运动；③ 机器能实现能量转换、代替或减轻人的劳动，完成有用的机械功。具有这 3 个特征的机械就是机器。

（1）机器的组成

一台完整的机器由动力部分、传动部分、执行部分、控制部分和辅助部分组成。下面以汽车为例说明机器的组成，见表 0-1。

表 0-1　　　　　　　　　　　　汽车的组成部分

机器的组成	汽车的组成	功　　能
动力部分	内燃机	机器工作的动力来源
传动部分	离合器、变速箱、传动轴、差速器	在动力部分和执行部分之间传递运动和力
执行部分	车轮	完成机器的预定任务
控制部分	方向盘、油门、刹车	实现机器的各种预定动作
辅助部分	车灯、雨刮、车架	支承和其他辅助功能

机器的组成不是一成不变的，有些机器不一定全部具有上述 5 个部分，如内燃车。

（2）机器的类型

根据用途不同，机器可分为动力机器、工作机器和信息机器（见表 0-2）。

表 0-2　　　　　　　　　　　　机器的类型

机器的类型	功　　能	举　　例
动力机器	实现其他形式的能量和机械能之间的转换	电动机、内燃机、液压机
工作机器	做有用的机械功或搬运物品	各类机床、运输车辆、起重机
信息机器	获取或变换信息	复印机、传真机、摄像机

车床、汽车、摩托车属于典型的机器，它们具有机器完整的 5 个组成部分。电动机和内燃机也是机器，但电动机只是把电能转换为机械能，内燃机只是把热能转换为机械能，是动力机器。

2．机构

图 0-1 所示的单缸四冲程内燃机中，汽缸、活塞、连杆、曲轴组成了一个具有确定的相对运动的构件系统，称为机构。

机构和机器既有联系又有区别。机器是由一个或几个机构组成的，机构仅具备有机器的前两个特征，它被用来传递运动或转换运动形式。若单纯从结构和运动的观点来看，机器和机构并无区别，因此，通常把机器和机构统称为机械。

台虎钳和游标卡尺就不是机器，而是属于机构。

二、构件和零件

1．零件

零件是机器中不可拆的最小单元体。零件可以分为通用零件（如螺钉、轴承、弹簧等）和专用零件（如内燃机曲轴、活塞等）。

2．构件

组成机构的各个相对运动部分称为构件。构件可以是一个零件（如活塞），也可以是多个零件组成的刚性结构。如曲轴和齿轮作为一个整体作转动，它们构成一个构件，但在加工时是两个不同的零件。由此可知，构件是运动的基本单元，而零件是制造的基本单元。

三、零件的连接方式

组成机器的零件之间存在不同形式的连接。根据连接后是否可拆，连接分为可拆连接和不可拆连接。在机械连接中，螺纹连接、键连接、销连接等都属于可拆连接，焊接、铆接、胶接等都属于不可拆连接。根据被连接的零件之间是否存在相对运动，连接分为静连接和动连接。从连接的角度来看，机器构成层次关系为：

$$零件 \xrightarrow{\quad 静连接 \quad} 构件 \xrightarrow{\quad 动连接 \quad} 机构 \Longrightarrow 机器$$

机器中的构件以动连接的形式组成机构。这种构件直接接触而又能产生一定相对运动的连接称为运动副。按照接触形式的不同，运动副分为高副和低副，其形式和应用特点见表 0-3。

表 0-3　　　　　　　　　运动副的形式和应用特点

形　式		示　意　图	特　点	应　用　实　例
低副	转动副		两构件以面接触。承载能力大，制造和维修较容易；但传动效率低，且不能传递复杂的运动	
	移动副			
	螺旋副			
高副			两构件以点或线接触。承载能力小、制造和维修较困难、易磨损、使用寿命短；但能传递复杂的运动	

四、机械传动的分类

传动部分是机器的重要组成部分。现代机械设备中应用的主要传动方式有机械传动、液压传动、气压传动和电气传动。其中，机械传动是最基本的传动方式，可以分为以下类型：

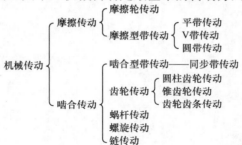

习题和思考题

1．机器具有哪几个共性？

2．一台完整的机器有哪几个组成部分？各部分的作用是什么？

3．机器和机构有什么区别？构件和零件有什么区别？

4．高副和低副各有什么特点？

5．洗衣机是机器吗？它有哪几个组成部分？

项目一　齿轮减速器

减速器是原动机（如电动机）和工作机械之间的独立的闭式传动装置，用来降低转速和增大转矩，以满足工作机械的需要（如图1-1所示）；在某些场合也用来增速，称为增速器。正确的安装、使用和维护减速器，是保证机械设备正常运行的重要环节。在本项目中，我们要学会拆装齿轮减速器，同时掌握有关的理论知识。

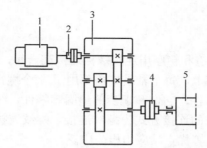

1—电动机；2、4—联轴器；3—齿轮减速器；5—工作机械

图 1-1　减速器装置

任务一　拆　装　箱　盖

任务学习目标

学 习 目 标	学时
① 熟悉螺纹的概念和种类 ② 掌握普通螺纹的主要参数 ③ 理解连接螺纹的标注 ④ 掌握螺纹连接的基本形式 ⑤ 了解销的种类，掌握定位销的应用 ⑥ 掌握螺钉连接、螺栓连接和定位销的拆装	6

任务情境创设

图 1-2 所示为一种二级圆柱齿轮减速器的直观图。从外部我们可以看到的主要零件有箱盖 1、通气塞 2、吊环螺钉 3、连接螺栓 4、连接螺钉 5、轴承端盖 6、箱座 7、定位销 8、连接螺栓 9、起盖螺钉 10 等。要检查减速器的内部状况就需要打开箱盖，而打开箱盖就需要拆卸连接螺栓和轴承端盖。

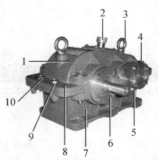

1—箱盖；2—通气塞；3—吊环螺钉；4、9—连接螺栓；5—连接螺钉；6—轴承端盖；7—箱座；8—定位销；10—起盖螺钉

图1-2　二级圆柱齿轮减速器

基本知识

　　图1-2所示减速器中，箱盖和箱座用连接螺栓连接在一起，共用了10个螺栓；轴承端盖用连接螺钉固定在箱盖和箱座上，每个轴承端盖都用了4个螺钉；除此以外还有一个起盖螺钉。这些零件都是带螺纹的零件，它们和配套的垫圈等零件，统称为螺纹紧固件。这种用螺纹紧固件将零、部件连接起来的连接方式为螺纹连接。螺纹连接具有构造简单、工作可靠、装拆方便、类型多样、成本低等优点，应用极为广泛。

一、螺纹的概念和种类

1．螺纹的概念

　　螺纹是指在圆柱或圆锥表面上，沿着螺旋线形成的、具有相同断面的连续凸起（凸起部分又叫牙）和沟槽，如图1-3所示。

2．螺纹的分类

　　（1）螺纹按形成螺纹的表面可分为圆柱螺纹和圆锥螺纹、外螺纹和内螺纹，如图1-4所示。

　　（2）螺纹按旋向可分为右旋螺纹和左旋螺纹。

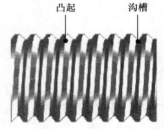

图1-3　螺纹

　　顺时针旋入的螺纹为右旋螺纹；逆时针旋入的螺纹为左旋螺纹（LH）。螺纹的旋向可用图1-5的方法来判别。

　　（a）圆柱螺纹　　　　　（b）圆锥螺纹　　　　　（c）外螺纹　　　　　（d）内螺纹

图1-4　螺纹

　　（3）螺纹按螺旋线的线数可分为单线螺纹（沿一条螺旋线所形成的螺纹）和多线螺纹（沿两条或两条以上在轴向等距分布的螺旋线所形成的螺纹），如图1-6所示。

　　（4）螺纹按牙型可分为三角形螺纹、梯形螺纹、锯齿形螺纹、矩形螺纹等，如图1-7所示。

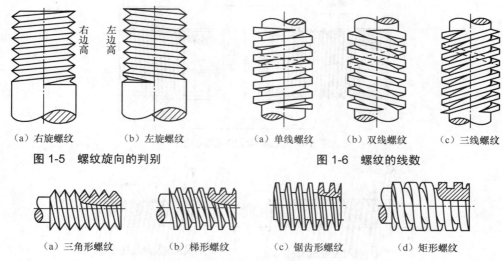

（a）右旋螺纹　　（b）左旋螺纹

图 1-5　螺纹旋向的判别

（a）单线螺纹　　（b）双线螺纹　　（c）三线螺纹

图 1-6　螺纹的线数

（a）三角形螺纹　　（b）梯形螺纹　　（c）锯齿形螺纹　　（d）矩形螺纹

图 1-7　螺纹的牙型

（5）螺纹按用途分为连接螺纹（又称紧固螺纹，分为普通螺纹和管螺纹）、传动螺纹和专门用途螺纹。

① 连接螺纹

连接螺纹又分为普通螺纹和管螺纹。

普通螺纹采用三角形牙型，牙根较厚，有较高的强度，如螺栓和螺母上的螺纹；管螺纹用于管道的连接，如自来水管和煤气管上的螺纹。

② 传动螺纹

传动螺纹即用于传递运动和动力的螺纹，采用梯形、矩形或锯齿形牙型，如台虎钳丝杠的螺纹。

③ 专门用途螺纹

专门用途螺纹是指像瓶口螺纹一样的专用连接螺纹。

二、普通螺纹的主要参数

普通螺纹各主要参数的代号、定义见表 1-1 和图 1-8、图 1-9。

表 1-1　　　　　　　　　　　　　　　　普通螺纹的主要参数

主要参数	代号		定　义
	内螺纹	外螺纹	
牙型角	α		在螺纹牙型上，相邻两牙侧间的夹角
螺纹大径（公称直径）	D	d	与内螺纹牙底或外螺纹牙顶相切的假想圆柱的直径，它是代表螺纹尺寸的直径，是公称直径
螺纹小径	D_1	d_1	与内螺纹牙顶或外螺纹牙底相切的假想圆柱的直径
螺纹中径	D_2	d_2	是指一个假想圆柱的直径，该圆柱的母线通过牙型上沟槽和凸起宽度相等的地方
螺距	P		相邻两牙在中径线上对应两点间的轴向距离
导程	P_h		同一条螺旋线上的相邻两牙在中径线上对应两点间的轴向距离

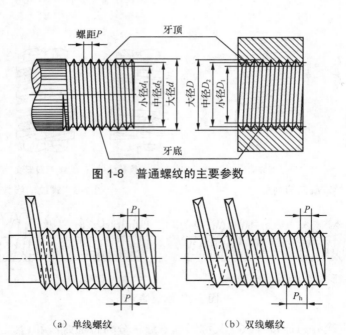

图1-8 普通螺纹的主要参数

（a）单线螺纹　　　　　　　　　（b）双线螺纹

图1-9 普通螺纹的螺距和导程

三、普通螺纹的标记

普通螺纹的牙型角为60°，按螺距大小分为粗牙和细牙。一般连接多用粗牙螺纹，它是同一公称直径的普通螺纹中螺距最大的螺纹。细牙螺纹的螺距小，自锁性能好，但易滑牙，常用于薄壁零件的连接。

完整的普通螺纹标记包括特征代号、公称直径、螺距（细牙）、旋向、中径和顶径公差带代号、旋合长度代号等内容。普通螺纹标记的内容，见表1-2。

表1-2　　　　　　　　　　　　　　　普通螺纹的标记规定

种类	特征代号	标 记 示 例	螺旋副标记示例	附　注
粗牙	M	M16LH－6g－L 示例说明： M—粗牙普通螺纹 16—公称直径 LH—左旋 6g—中径和顶径公差带代号 L—长旋合长度	M20LH－6H/6g 示例说明： 6H—内螺纹公差带代号 6g—外螺纹公差带代号	① 粗牙普通螺纹不标螺距，而细牙则标注 ② 右旋不标旋向代号，左旋用LH表示 ③ 旋合长度有长旋合长度L、中等旋合长度N和短旋合长度S 3种，其中中等旋合长度N不标 ④ 公差带代号中，前者为中径公差带代号，后者为顶径公差带代号，两者相同时则只标一个 ⑤ 螺纹副的公差带代号中，前者为内螺纹公差带代号，后者为外螺纹公差带代号，中间用"/"隔开
细牙		M16×1－6H 7H 示例说明： M—细牙普通螺纹 16—公称直径 1—螺距 6H—中径公差带代号 7H—顶径公差带代号	M20×2LH－6H/5g6g 示例说明： 6H—内螺纹公差带代号 5g6g—外螺纹公差带代号	

普通螺纹的标记示例如图 1-10 所示。

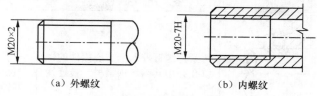

（a）外螺纹　　　　　　　（b）内螺纹

图 1-10　普通螺纹的标记

四、螺纹连接零件

螺纹连接零件大多已经标准化，常用的有螺栓、双头螺柱、螺钉、紧定螺钉、螺母、垫圈和防松零件等，如图 1-11 所示。

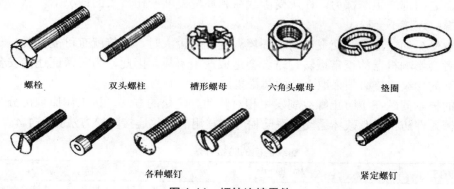

螺栓　　　　双头螺柱　　　槽形螺母　　　六角头螺母　　　垫圈

各种螺钉　　　　　　　　　紧定螺钉

图 1-11　螺纹连接零件

五、螺纹连接的基本形式

螺纹连接的基本形式有螺栓连接、双头螺柱连接、螺钉连接和紧定螺钉连接 4 种，其结构、尺寸关系、特点和应用见表 1-3。

表 1-3　　　　　　　　　　　螺纹连接的主要类型

类　型	图　例	结构及特点	应　用
螺栓连接		螺栓穿过被连接零件的通孔，加垫圈和螺母紧固 结构简单，装拆方便，成本低，应用广泛	用于有通孔的零件的连接，螺栓损坏后容易更换
双头螺柱连接		双头螺柱螺纹较短的一端旋入厚零件的螺纹孔内，靠螺纹尾端的过盈而拧紧，另一端加垫圈和螺母紧固 拆卸时只需拧下螺母，零件上的螺纹孔不易损坏	多用于被连接件之一较厚（为盲孔）且需经常拆卸的场合
螺钉连接		螺钉（或螺栓）穿过一被连接件的通孔直接拧入另一被连接件的螺纹孔内并紧固 拆卸时需拧下螺钉，零件上的螺纹孔易损坏	用于被连接件之一较厚（为盲孔）且不需经常拆卸的场合

续表

类　型	图　例	结构及特点	应　用
紧定螺钉连接		紧定螺钉拧入一被连接件的螺纹孔并用其端部顶紧另一被连接件	用以固定两个零件的相对位置，并可传递不大的力和转矩

六、螺纹连接的防松

螺纹连接一般采用单线普通螺纹，紧固后，内螺纹、外螺纹的螺旋面之间，螺纹零件端面和支承面之间都产生摩擦力。在承受静载荷和环境温度变化不大的情况下，靠这个摩擦力的作用，螺纹连接不会松脱。

但当承受振动、冲击、交变载荷或环境温度变化较大时，连接就有可能松脱。一旦出现松脱，轻者会影响机器的正常运转，重者会造成严重事故。因此，为了保证连接安全可靠，重要场合下的螺纹连接必须采取有效的防松措施。

防松的根本问题在于防止螺纹副发生相对转动。防松的方法，按工作原理可分为摩擦力防松、机械元件防松以及破坏运动关系防松等。常用的螺纹连接防松方法见表1-4。

表1-4　　　　　　　　　　螺纹连接的防松方法

防松方法		结构型式	特点和应用
摩擦力防松	双螺母防松		两螺母对顶拧紧后，使旋合螺纹间始终受到附加的压力和摩擦力的作用。工作载荷有变动时，该摩擦力仍然存在。旋合螺纹间的接触情况如左图所示，下螺母螺纹牙受力较小，其高度可小些，但为了防止装错，两螺母的高度取成相等为宜 结构简单，适用于平稳、低速和重载的固定装置上的连接
	弹簧垫圈防松		螺母拧紧后，靠垫圈压平而产生的弹性反力使旋合螺纹间压紧。同时垫圈斜口尖端抵住螺母与被连接件的支承面也有防松作用 结构简单、使用方便，但由于垫圈的弹力不均，在冲击、振动的工作条件下，其防松效果较差，一般用于不甚重要的连接
机械元件防松	开口销与六角开槽螺母		六角开槽螺母拧紧后，将开口销穿入螺栓尾部小孔和螺母的槽内，并将开口销尾部掰开与螺母侧面紧贴。也可用普通螺母代替六角开槽螺母，但需拧紧螺母后再配钻销孔 适用于较大冲击、振动的高速机械中运动部件的连接

续表

防松方法		结 构 型 式	特点和应用
机械元件防松	止动垫圈	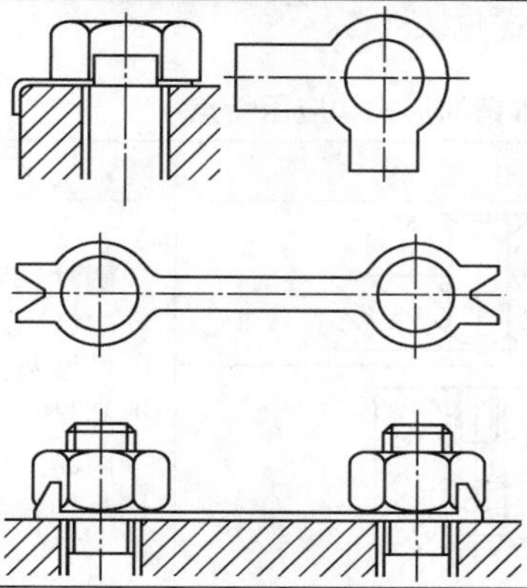	螺母拧紧后，将单耳或双耳止动垫圈分别向螺母和被连接件的侧面折弯贴紧，即可将螺母锁住。若两个螺栓需要双连锁紧时，可采用双联止动垫圈，使两个螺母互相制动 结构简单，使用方便，防松可靠
	串联钢丝	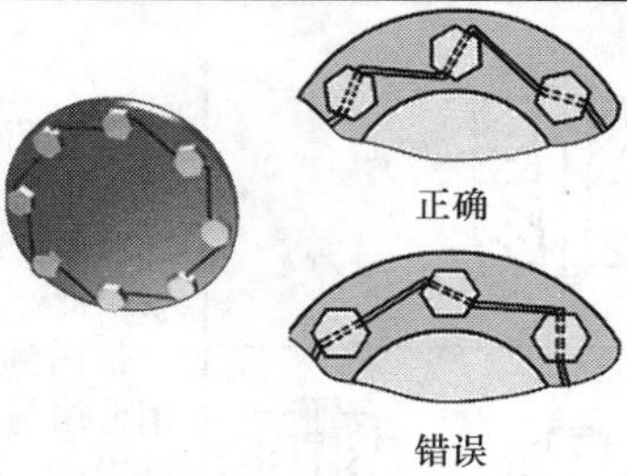 正确 错误	用低碳钢丝穿入各螺钉头部的孔内，将各螺钉串联起来，使其相互制动。使用时必须注意钢丝的穿入方向（左图中，上图正确，下图错误） 适用于螺钉组连接，防松可靠，但装拆不方便
破坏运动关系防松	冲点防松	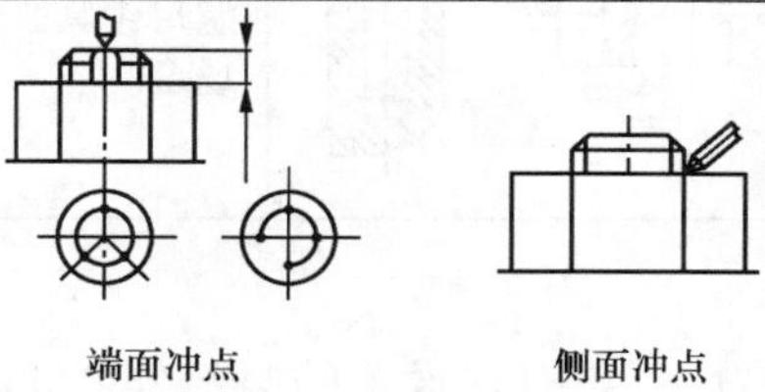 端面冲点 　　 侧面冲点	把螺栓末端伸出部分铆死，或利用冲头在螺栓末端与螺母的旋合缝处打冲，利用冲点防松。但拆卸后连接件不能重复使用
	粘接防松	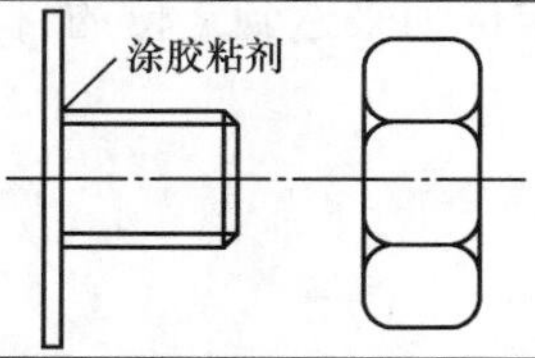 涂胶粘剂	一般采用厌氧胶粘剂，涂于螺纹旋合表面。拧紧后，胶粘剂能自行固化，防松效果良好
	焊接防松	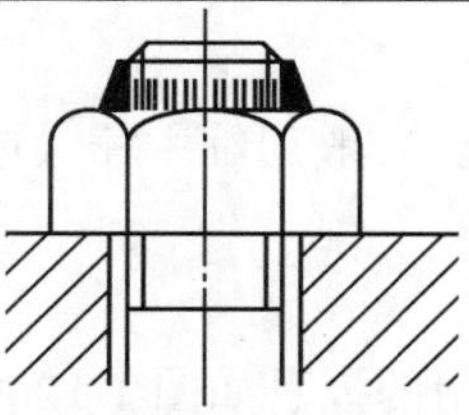	防松方法可靠，但拆卸后连接件不能重复使用

七、销和定位销

1．销的功能

销连接主要用来固定零件之间的相互位置，也可用于轴和轮毂或其他零件的连接，并传递不大的载荷，有时还可用来作安全装置中的过载剪断零件。按用途的不同销可分为定位销、连接销和安全销。

2．销的基本形式

销属于标准件，形式很多，基本类型有圆柱销和圆锥销两种，它们均有带螺纹和不带螺纹两种形式。常用的圆柱销和圆锥销的形式见表1-5。

表1-5　　　　　　　　　　　常用圆柱销和圆锥销的形式和应用特点

类 型		应 用 图 例	特 点
圆柱销	普通圆柱销		圆柱销利用微量过盈固定在销孔中，经过多次装拆后，连接的紧固性及精度降低，故只宜用于不常拆卸处 内螺纹圆柱销适用于不通孔的场合，螺纹供装拆用
	内螺纹圆柱销		
圆锥销	普通圆锥销		圆锥销有1∶50的锥度，装拆比圆柱销方便，多次装拆对连接的紧固性及定位精度影响较小，因此应用广泛 带内螺纹和大端带螺纹的圆锥销适用于不通孔的场合，螺纹供装拆用；小端带螺纹的圆锥销可以用螺母锁紧，适用于有冲击、振动的场合
	带螺纹圆锥销		

3．定位销

定位销在工业生产设备中的应用非常广泛。有些设备的两部分之间在安装、重新安装或工作时要求比较高的位置精密度，通常借助定位销来达到定位的目的，或是防止安装位置、方向的错误。定位销在使用时至少有两个。

基本技能

一、拆装定位销

减速器的定位销一般为圆锥销，易于装拆。一般用细木棒（或铜棒）从下面将定位销顶出即可。

二、螺纹连接零件拆装工具

拆装螺纹连接零件都要用到各种扳手。常用的扳手如图1-12所示。

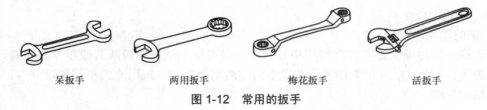

呆扳手　　　　　　两用扳手　　　　　　梅花扳手　　　　　　活扳手

图1-12　常用的扳手

除此以外，对于重要的螺纹连接，要规定预紧力的大小，此时就要使用测力矩扳手或定力矩扳手，如图 1-13 所示。

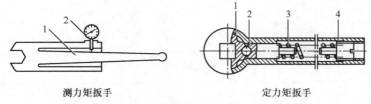

测力矩扳手　　　　　　　　　　　　　定力矩扳手

图 1-13　测力矩扳手和定力矩扳手

三、拆装轴承端盖

（1）选择和轴承端盖的螺钉相适应的呆扳手作装拆工具。

（2）依次拧下固定螺钉，放置在规定位置。

（3）取下轴承端盖和垫片。

（4）轴承端盖的安装和拆卸的顺序相反。

四、拆装螺栓连接

（1）选择和连接相适应的一个呆扳手和一个活扳手（也可以用两个呆扳手）作装拆工具。

（2）用活扳手（或呆扳手）固定螺栓头，用呆扳手旋下螺母。注意：①旋下螺母前应先按对角的次序松动螺母，使其失去预紧力，然后再旋下螺母；②拆下的螺栓、螺母、垫圈应按组存放在规定位置。

（3）安装连接螺栓时把螺栓穿过通孔，放上垫圈，拧上螺母。在拧紧螺母时不要一次拧紧，要按对角的次序依次、多次用力拧紧。

五、取下箱盖

装配减速器时，常常在箱盖和箱座的结合面处涂上水玻璃或密封胶，以增强密封效果，但却给开起箱盖带来困难。为此，在箱盖侧边的凸缘上开设螺纹孔，并拧入启盖螺钉。开启箱盖时，拧动起盖螺钉，使箱盖与箱座分离，利用起吊装置取下箱盖，翻转 180° 在一旁放置平稳，以免损坏结合面。

 任务学习评价

一、自我评价、小组评价及教师评价

评价项目	评价内容	分值	自我评价	小组评价	教师评价	得分
基本知识	螺纹的概念和种类	10				
	普通螺纹的主要参数	10				
	连接螺纹的标注	10				
	螺纹连接的基本形式	10				
	销的种类，定位销的应用	10				
基本技能	螺钉的拆装	10				
	螺栓的拆装	30				
	定位销的拆装	10				

二、个人学习总结

成功之处	
不足之处	
改进方法	

三、习题和思考题

1. 减速器的功用是什么？
2. 简述螺纹的分类。
3. 连接用螺纹和传动用螺纹分别采用什么牙型？
4. 普通螺纹的主要参数有哪些？
5. 解释下列螺纹标记：M18；M30×2–L；M16×1LH。
6. 螺纹连接有哪几种基本类型？在应用方面各有什么特点？
7. 螺纹连接的防松措施有哪些？
8. 销的功能是什么？它有哪几类？

任务二 拆装滚动轴承

任务学习目标

学 习 目 标	学时
① 了解轴承的功用和分类 ② 掌握滚动轴承的结构、类型 ③ 掌握滚动轴承的基本代号 ④ 了解滚动轴承类型的选用原则 ⑤ 了解滚动轴承的组合安装、润滑与密封 ⑥ 掌握滚动轴承的拆装方法 ⑦ 掌握滑动轴承的类型、结构 ⑧ 了解滑动轴承的润滑	6

任务情境创设

拆卸箱盖后，我们可以看到减速器的内部结构。该减速器由3根轴、4个齿轮形成传动系统，如图1-14所示。机械中的转动零件都必须与轴连接并支承在轴上，而轴又要支承在轴承上与机架相连，有些轴又要通过联轴器或离合器和动力机器实现连接。由轴、轴承、轴上的转动零件（如齿轮、带轮等）及联轴器和离合器组合起来的系统，称为轴系零部件。轴系零部件是机器的重要组成部分。今天，我们开始拆装轴系零部件，同时学习相关理论知识。

图1-14　减速器的内部结构

基本知识

一、轴承的种类和功用

轴承的功用是支承转动的轴及轴上零件。根据轴承与轴的工作表面之间摩擦性质的不同，轴承分为滑动轴承和滚动轴承（如图1-15所示）。

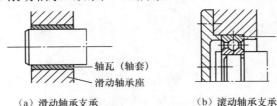

（a）滑动轴承支承　　　　（b）滚动轴承支承

图1-15　滑动轴承和滚动轴承

与滑动轴承相比，滚动轴承启动灵敏，运转时摩擦系数小、效率高，润滑方便，易于更换，轴承间隙可预紧、调整，但抗冲击能力差。

滚动轴承已标准化，由专业制造厂批量生产供应，在机械设备中应用较广。对使用者来说，只需要根据机械设备的具体工作情况按标准合理选用即可。

二、滚动轴承的结构和类型

1．滚动轴承的结构

滚动轴承的结构如图1-16所示，主要由内圈、外圈、滚动体和保持架组成。内圈的外表面和外圈的内表面制有凹槽，叫做滚道；内圈装在轴颈上并和轴形成过盈配合，运转时和轴一起转动，外圈装在机座的轴承孔内，一般采用过渡配合。保持架用来隔开两相邻滚动体，以减少它们之间的摩擦。当内外圈相对旋转时，滚动体沿滚道滚动，从而形成滚动摩擦。

滚动体是滚动轴承必不可少的元件，常见的滚动体有球、圆柱滚子、圆锥滚子、球面滚子和滚针

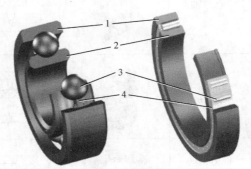

1—外圈；2—内圈；3—滚动体；4—保持架

图1-16　滚动轴承的结构

等，如图 1-17 所示。

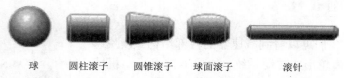

球　　圆柱滚子　　圆锥滚子　　球面滚子　　滚针

图 1-17　滚动体的种类

2．滚动轴承的类型

滚动轴承的分类方法很多。按滚动体的种类可分为球轴承和滚子轴承；按所能承受载荷的方向可分为向心轴承（只能承受径向载荷）、推力轴承（只能承受轴向载荷）、向心推力轴承（能同时承受径向载荷和轴向载荷，又称角接触轴承），如图 1-18 所示。此外，还可以按能否自动调心等标准进行分类。

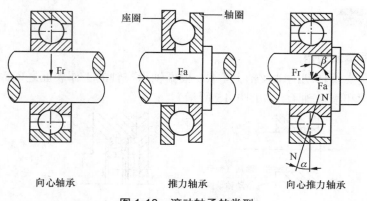

向心轴承　　　　　　　推力轴承　　　　　　向心推力轴承

图 1-18　滚动轴承的类型

三、常用滚动轴承的种类

我国常用滚动轴承的基本类型和特性见表 1-6。

表 1-6　　　　　　　　　　　常用滚动轴承的基本类型和特性

轴承名称	结 构 图	简 图	类型代号	轴承性能特点
调心球轴承			1	主要承受径向载荷，同时可以承受少量的两个方向的轴向载荷。外圈滚道为球面，能自动调心，适用于弯曲刚度小的轴
调心滚子轴承			2	和调心球轴承相似，但承载能力较高，允许角偏斜小于调心球轴承。适用于重载和有冲击的场合
推力调心滚子轴承			2	能承受很大的轴向载荷和不大的径向载荷。调心性能好，适用于重载和要求调心性能好的场合

续表

轴承名称	结 构 图	简 图	类型代号	轴承性能特点
圆锥滚子轴承			3	能同时受径向和轴向载荷，承载能力大。内圈、外圈可分离，安装时可调整游隙。通常成对使用，对称布置安装
双列深沟球轴承			4	主要承受径向载荷，也可承受一定的双向轴向载荷。比深沟球轴承的承载能力大
单向推力球轴承			5	只能承受单向轴向载荷。适用于轴向载荷大、转速不高的场合
双向推力球轴承			5	能承受双向的轴向载荷。适用于轴向载荷大、转速不高的场合
深沟球轴承			6	主要承受径向载荷，也可承受少量的双向轴向载荷。摩擦阻力小，极限转速高，结构简单，价格低，应用最广
角接触球轴承			7	能同时承受径向载荷和单向轴向载荷。公称接触角 α 有 15°、25°和 40° 3 种，接触角越大，轴向承载能力越大。适用于转速较高、同时承受径向和轴向载荷的场合
推力圆柱滚子轴承			8	只能承受单向轴向载荷，承载能力比推力球轴承更大
圆柱滚子轴承			N	只能承受较大的径向载荷。适用于径向载荷很大或有冲击载荷、转速较低的场合

四、滚动轴承的代号

滚动轴承的类型很多，同一类型的轴承又有各种不同的结构、尺寸、公差等级和技术要求等。例如，图 1-19 所示为常用的深沟球轴承，在尺寸方面有不同的内径、外径和宽度；在结构上有有无防尘盖和外圈上有无凸缘等区别。为了完整地反映滚动轴承的尺寸、结构及性能参数，国家标准规定用相应的代号（数字和字母）来表示相应的项目，构成完整的滚动轴承代号。

完整的滚动轴承代号由前置代号、基本代号和后置代号 3 部分组成。前置代号和后置代号是轴承在结构、尺寸、公差、技术要求等有改变时，在其基本代号左右添加的补充代号，一般可省略，具体内容可查相关标准规定，这里我们只介绍基本代号。

（a）不同尺寸的轴承　　　（b）带防尘盖的轴承　　　（c）外圈带凸缘的轴承

图 1-19　常用的深沟球轴承

基本代号表示滚动轴承的基本类型、结构和尺寸，由类型代号、尺寸系列代号和内径代号组成。

1．滚动轴承的类型代号

滚动轴承（滚针组成除外）共有 12 种基本类型，其类型代号用数字或字母表示，见表 1-7。

表 1-7　　　　　　　　　　　　　　滚动轴承的类型代号

类型代号	轴 承 类 型	类型代号	轴 承 类 型
0	双列角接触球轴承	6	深沟球轴承
1	调心球轴承	7	角接触球轴承
2	调心滚子轴承 推力调心滚子轴承	8	推力圆柱滚子轴承
3	圆锥滚子轴承	N	圆柱滚子轴承 双列或多列用字母 NN 表示
4	双列深沟球轴承	U	外球面轴承
5	推力球轴承	QJ	四点接触球轴承

2．滚动轴承的尺寸系列代号

尺寸系列代号表示轴承在结构、内径相同的条件下具有不同的宽度（或高度）和外径，由两位数字组成，前一位数字是宽（高）度系列代号，后一位数字是直径系列代号。

（1）宽（高）度系列代号

同一直径系列（轴承内径、外径相同）的轴承可做成不同的宽（高）度，称为宽（高）度系列。宽度系列表示向心轴承的内径、外径相同而宽度不同的系列，代号有 8、0、1、2、3、4、5 和 6，宽度尺寸依次递增，如图 1-20 所示；推力轴承以高度系列对应于向心轴承的宽度系列，表示内径、外径相同而高度不同的系列，代号有 7、9、1 和 2，高度尺寸依次递增。

（2）直径系列代号

直径系列表示内径相同但外径不同的轴承系列，代号有 7、8、9、0、1、2、3、4 和 5，外径尺寸依次增大。图 1-21 所示为内径相同而直径系列代号不同的 4 种深沟球轴承的比较。

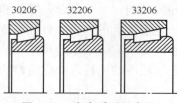 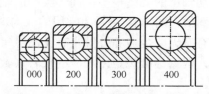

图 1-20　宽度系列示意图　　　　　　　图 1-21　直径系列代号不同的 4 种深沟球轴承

直径系列代号和宽度系列代号统称为尺寸系列代号，向心轴承、推力轴承尺寸系列代号见表 1-8。

表 1-8 　　　　　　　　　　向心轴承、推力轴承尺寸系列代号

直径系列代号	向心轴承								推力轴承			
	宽度系列代号								高度系列代号			
	特窄 8	窄 0	正常 1	宽 2	特宽 3	特宽 4	特宽 5	特宽 6	特低 7	低 9	正常 1	正常 2
	尺寸系列代号											
超特轻 7	—	—	17	37	—	—	—	—	—	—	—	—
超轻 8	—	08	18	28	38	48	58	68	—	—	—	—
超轻 9	—	09	19	29	39	49	59	69	—	—	—	—
特轻 0	—	00	10	20	30	40	50	60	70	90	10	—
特轻 1	—	01	11	21	31	41	51	61	71	91	11	—
轻 2	82	02	12	22	32	42	52	62	72	92	12	22
中 3	83	03	13	23	33	—	—	63	73	93	13	23
重 4	—	04	—	24	—	—	—	—	74	94	14	24
特重 5	—	—	—	—	—	—	—	—	—	95	—	—

在轴承代号中，轴承类型代号和尺寸系列代号以组合代号的形式表达。在组合代号中，轴承类型代号"0"可省略不标；除 3 类轴承外，宽度系列代号"0"可省略不标。组合代号中还有其他一些特例，可以参照有关标准。常用轴承的组合代号见表 1-9。

表 1-9 　　　　　　　　　　常用轴承的组合代号

轴承类型	类型代号	尺寸系列代号	组合代号	轴承类型	类型代号	尺寸系列代号	组合代号
双列角接触球轴承	(0)	32	32	深沟球轴承	6	16	616
		33	33			17	617
调心球轴承	1 (1)	(0) 2	12			19	619
		22	22			(1) 0	60
	1 (1)	(0) 3	13			(0) 2	62
		23	23			(0) 3	63
推力调心滚子轴承	2	92	292			(0) 4	64
		93	293	角接触球轴承	7	19	719
		94	294			(1) 0	70
圆锥滚子轴承	3	02	302			(0) 2	72
		03	303			(0) 3	73
		13	313			(0) 4	74
		22	322	推力圆柱滚子轴承	8	11	811
		23	323			12	812
双列深沟球轴承	4	(2) 2	42	圆柱滚子轴承	N	10	N10
		(2) 3	43			(0) 2	N2
推力球轴承	5	11	511			22	N22
		12	512			(0) 3	N3
		13	513			23	N23
		14	514			(0) 4	N4
		22	522				
		23	523				
		24	524				

3. 滚动轴承的内径代号

内径代号表示轴承的内径尺寸，有两种情况。

（1）由两位数字组成内径代号的情况

当滚动轴承的内径为 10mm、12mm、15mm、17mm 和 20~500（22、28、32 除外）mm 时，内径代号用两位数字表示，并紧接在尺寸系列代号之后标写，代号见表 1-10。例如，深沟球轴承 61620 的内径 $d=20\times5=100$mm。

表 1-10　　　　　　　　　　滚动轴承的内径代号

内径代号	00	01	02	03	04~96
轴承内径（mm）	10	12	15	17	代号×5

（2）用内径毫米数直接组成内径代号的情况

当轴承内径为 22 mm、28 mm、32 mm 以及内径<10mm、内径≥500mm 时，内径代号就是内径毫米数，但标注时与尺寸系列代号之间要用"/"分开。例如，深沟球轴承 618/2.5 的内径为 2.5mm，调心滚子轴承 230/500 的内径为 500mm。

4. 滚动轴承基本代号示例

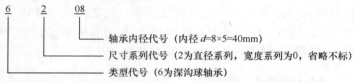

（6208 表示 2 系列，内径为 40mm 的深沟球轴承）

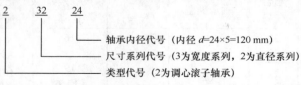

（23224 表示 32 系列，内径为 120mm 的调心滚子轴承）

五、滚动轴承类型的选用原则

轴承类型的正确选择是在了解各类轴承特点的基础上，综合考虑轴承的具体工作条件和使用要求进行的。选择时主要考虑如下因素。

1. 轴承所受的载荷

轴承所受载荷的大小、方向和性质是选择轴承类型的主要依据。

（1）载荷大小和性质

轻载和中等负荷时应选用球轴承；重载或有冲击负荷时，应选用滚子轴承。

（2）载荷方向

纯径向载荷时，可选用深沟球轴承、圆柱滚子轴承或滚针轴承等；纯轴向载荷时，可选用推力轴承；既有径向载荷又有轴向载荷时，若轴向载荷不太大时，可选用深沟球轴承或接触角较小的角接触球轴承、圆锥滚子轴承；若轴向载荷较大时，可选用接触角较大的轴承；若轴向载荷很大，而径向载荷较小时，可选用推力角接触轴承，也可以采用向心轴承和推力轴承一起支承结构。

2. 轴承的转速

① 高速时应优先选用球轴承。

② 内径相同时，外径愈小，离心力也愈小。故在高速时，宜选用超轻、特轻系列的轴承。

③ 推力轴承的极限转速都很低，高速运转时摩擦发热严重，若轴向载荷不十分大，可采用角接触球轴承或深沟球轴承。

3．调心要求

当由于制造和安装误差等因素致使轴的中心线与轴承中心线不重合时，当轴受力弯曲造成轴承内外圈轴线发生偏斜时，宜选用调心球轴承或调心滚子轴承。

4．允许的空间

当径向空间受到限制时，可选用滚针轴承或特轻、超轻直径系列的轴承。轴向尺寸受限制时，可选用宽度尺寸较小的，如窄或特窄宽度系列的轴承。

5．安装与拆卸

选择的轴承应便于安装与拆卸。例如，在轴承座不是剖分而必须沿轴向装拆轴承的机械中，应优先选用内、外圈可分离的轴承（如 3 类，N 类等）。

6．价格

轴承类型不同，其价格也不同，深沟球轴承价格最低，滚子轴承比球轴承价高，向心角接触轴承比径向接触轴承价高。公差等级越高，价格也越贵。在满足使用要求的前提下，应尽量选用价格低廉的轴承。

六、滚动轴承的组合安装

滚动轴承的组合安装，是指把滚动轴承安装到机器中，与轴、轴承座、润滑及密封装置等组成一个有机的整体（称为滚动轴承部件）。它包括轴承的布置、轴向位置固定、间隙调整、与其他零件的配合等方面。这里，我们重点了解滚动轴承轴向位置的固定方法。

1．轴承内圈的轴向固定

轴承内圈在轴上通常用轴肩或套筒定位，同时根据所受轴向载荷的情况，适当选用轴端挡圈、圆螺母或轴用弹性挡圈等结构实现轴向固定。表 1-11 所示为常用的轴承内圈的轴向固定形式。

表 1-11   轴承内圈的轴向固定形式

	利用轴肩实现单向固定	利用轴肩和弹性挡圈实现双向固定
图例		轴用弹性挡圈
	利用轴肩和轴端挡圈实现双向固定	利用轴肩和圆螺母实现双向固定
图例		圆螺母和止动垫圈

2．轴承外圈的轴向固定

轴承外圈在机座孔中一般用座孔台阶定位，采用轴承盖或孔用弹性挡圈等结构实现轴向固定。表 1-12 为常用的轴承外圈的轴向固定形式。

表1-12　　　　　　　　　轴承外圈的轴向固定形式

利用轴承盖实现单向固定	利用轴承盖和座孔台阶实现双向固定	利用弹性挡圈和座孔台阶实现双向固定
图例		孔用弹性挡圈

七、滚动轴承的润滑与密封

润滑和密封对滚动轴承的使用寿命有重要意义。润滑的主要目的是减小摩擦与磨损。滚动接触部位形成油膜时，还有吸收振动、降低工作温度等作用。密封的目的是防止灰尘、水分等进入轴承，并阻止润滑剂的流失。

1. 滚动轴承的润滑

滚动轴承的润滑剂有润滑脂、润滑油和固体润滑剂3种。

一般情况下，滚动轴承采用润滑脂润滑。润滑脂是一种黏稠的凝胶状材料，能承受较大的载荷，而且不易流失，便于密封和维护，一次充脂可以维持较长时间，无须经常补充或更换。其缺点是不适宜在高速条件下工作。

油润滑的优点是比脂润滑摩擦阻力小，并能散热，适宜于高速或工作温度较高的轴承，特别是在轴承附近已经具有润滑油源时（如减速箱内本来就有润滑齿轮用的润滑油），更宜采用油润滑。油润滑的关键是选择合适的润滑油黏度。原则上，温度高、载荷大或有冲击的场合，应选择黏度较大的润滑油；反之，润滑油黏度应选小一些。油润滑的方式有浸油润滑、滴油润滑和喷雾润滑等。高速轴承通常采用滴油或喷雾方法润滑。

固体润滑剂有石墨、二硫化钼（MoS_2）等多种，一般在重载或高温工作条件下使用。

2. 滚动轴承的密封

滚动轴承密封方法的选择与润滑的种类、工作环境、温度、密封表面的圆周速度有关。密封方法可分两大类：接触式密封和非接触式密封。它们的密封形式、适用范围和性能见表1-13。

表1-13　　　　　　　　　滚动轴承的密封方法

密封方法	图例	说明
接触式密封	毛毡圈密封	在轴承盖上开出梯形槽，将矩形剖面的毛毡圈放置在梯形槽中与轴接触，对轴产生一定的压力进行密封。这种密封结构简单，但摩擦较严重，主要用于圆周速度 $v<4m/s$ 脂润滑场合
	密封圈密封 （a）（b）	在轴承盖中放置密封圈。密封圈用皮革、耐油橡胶等材料制成，有的带金属骨架，有的没有骨架。密封圈与轴紧密接触而起密封作用。图（a）密封唇朝里，目的是防漏油；图（b）密封唇朝外，目的是防灰尘、杂质进入

续表

密封方法	图　例	说　明
非接触式密封	间隙密封	在轴与轴承盖的通孔壁间留 0.1～0.3mm 的极窄缝隙，并在轴承盖上车出沟槽，在槽内填满油脂，以起密封作用。这种形式结构简单，多用于 $v < 5m/s$ 的场合
	迷宫式密封 （a） （b）	将旋转的和固定的密封零件间的间隙制成迷宫（曲路）形式，缝隙间填入润滑脂以加强润滑效果。这种方法对脂润滑和油润滑都很有效，尤其适用于环境较脏的场合。图（a）为径向曲路，径向间隙 δ 不大于 0.1mm；图（b）为轴向曲路，因考虑到轴受热后会伸长，间隙应取大些，$\delta = 1.5～2mm$
组合密封	毛毡加迷宫密封	把毛毡和迷宫组合一起密封，可充分发挥各自优点，提高密封效果，多用于密封要求较高的场合

八、滑动轴承

和滚动轴承相比较，滑动轴承的主要优点是：运转平稳可靠，径向尺寸小，承载能力大，抗冲击能力强，能获得很高的旋转精度，可实现液体润滑，能在比较恶劣的条件下工作。滑动轴承适用于低速、重载的场合或转速特别高、对轴的支承精度要求较高的场合，以及径向尺寸受限制的场合。

根据所能承受载荷的方向不同，滑动轴承分为径向滑动轴承和推力滑动轴承，如图 1-22 所示。径向滑动轴承只承受径向载荷；推力滑动轴承只承受轴向载荷。其中，径向滑动轴承的使用较为普遍。常用的径向滑动轴承的结构有整体式和剖分式两种。

1. 整体式滑动轴承

图 1-23 为整体式滑动轴承，一般由轴承座、轴瓦和紧定螺钉组成，其具体结构如图 1-24 所示。轴承座一般用铸铁制成，顶部设有油孔和装油杯的螺纹孔。轴瓦压入轴承座孔内并用紧定螺钉加固。轴瓦内表面开设有油沟，以使润滑油能够分布在润滑部位。

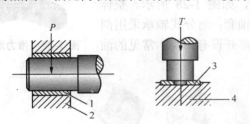

（a）径向滑动轴承　　（b）推力滑动轴承
1—轴瓦或轴套；2、4—滑动轴承座；3—止推垫圈

图 1-22　滑动轴承

图 1-23　整体式滑动轴承

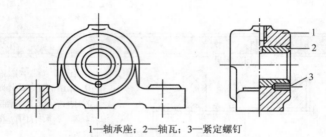

1—轴承座；2—轴瓦；3—紧定螺钉

图 1-24　整体式滑动轴承的结构

　　整体式滑动轴承的特点是结构简单、制造成本低，但轴瓦磨损后轴承的径向间隙无法调整。装拆时需要沿轴向移动轴或轴承，对重量大和具有中间轴颈的轴装拆不方便。整体式滑动轴承通常用于低速轻载及间歇工作的场合，如绞车、手动起重机等。

　　2．剖分式滑动轴承

　　图 1-25 为剖分式滑动轴承，一般由轴承座、轴承盖、上下轴瓦、双头螺柱和垫片等组成，其具体结构如图 1-26 所示。轴承盖与轴承座的结合面制成阶梯形定位止口，以便定位对中；上下轴瓦的剖分面处放置成组垫片，当轴承磨损后可调整径向间隙。轴承盖上制有螺纹孔，用以安装油杯和油管，将润滑油送到轴颈表面。

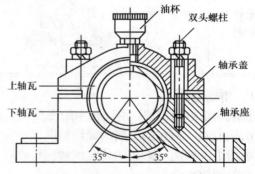

油杯　双头螺柱

轴承盖

上轴瓦

下轴瓦

轴承座

35°　　35°

图 1-25　剖分式滑动轴承　　　　图 1-26　剖分式滑动轴承的结构

　　剖分式滑动轴承克服了整体式滑动轴承的不足，装拆方便，且轴承磨损后径向间隙可以调整，故应用广泛。

　　3．推力滑动轴承

　　图 1-27 为推力滑动轴承，它是靠轴的端面或轴肩、轴环的端面向止推垫圈支承面传递轴向载荷的。

　　4．轴瓦的结构和材料

　　常用的轴瓦有整体式和剖分式两种结构，如图 1-28 所示。整体式轴承采用整体式轴瓦，整体式轴瓦又称为轴套；剖分式轴承采用剖分式轴瓦，即轴瓦分成两部分。轴瓦内表面都开设有油沟，常见的油沟形式如图 1-28（b）所示。

图 1-27　推力滑动轴承

（a）整体式轴瓦　　　　　　（b）剖分式轴瓦

图 1-28　轴瓦的结构

由于轴承在使用时，会产生摩擦、磨损和发热等现象，因此，轴瓦材料应具备摩擦系数小，耐磨性、抗腐蚀性和抗胶合能力强等性能。同时，应有足够的强度和塑性，导热性好等。常用的轴瓦材料有轴承合金、铜合金、粉末合金、铸铁及非金属材料等。

轴瓦材料应根据轴承工作情况选择。轴瓦可以由一种材料制成，也可以在高强度材料的轴瓦基体上浇注一层或两层轴承合金作为轴承衬，称为双金属轴瓦或三金属轴瓦。

5. 滑动轴承的润滑

为保证滑动轴承正常工作，减少摩擦和磨损，提高效率，延长使用寿命，滑动轴承工作时需要有良好的润滑。

（1）润滑剂

和滚动轴承一样，滑动轴承的润滑剂有润滑脂、润滑油和固体润滑剂 3 种。但滑动轴承常用的是润滑油而不是润滑脂。

润滑脂主要应用在速度较低、载荷较大、不经常加油、使用要求不高的场合。除了润滑油和润滑脂之外，在某些特殊场合，还可使用固体润滑剂，如石墨、二硫化钼、水或气体等作润滑剂。

（2）润滑方法

在选用润滑剂之后，还要选用恰当的润滑方式。滑动轴承的润滑方式很多，在低速、轻载的场合多采用间歇式供油润滑，例如，用油壶定期加油；而在高速、重载的场合应采用连续供油的润滑方式。常用的润滑方式和装置见表 1-14。

表 1-14　　　　　　　　　　　滑动轴承的润滑方式

润滑方式		装置示意图	说　明
间歇润滑	针阀式油杯	手柄 调节螺母 弹簧 针阀 杯体	用于油润滑 　将手柄提至垂直位置，针阀上升，油孔打开供油；手柄放置水平位置，针阀降回原位，油孔关闭，停止供油。转动调节螺母可以调节注油量的大小
	旋套式油杯	杯体 旋套	用于油润滑 　转动旋套，使旋套孔和杯体注油孔对正，用油壶或油枪注油。不注油时，应用旋套遮住杯体注油孔，起密封作用
	压配式油杯	钢球 杯体 弹簧	用于油润滑或脂润滑 　平时，钢球在弹簧的作用下使杯体注油孔封闭。注油时，将钢球压下即可

续表

润滑方式		装置示意图	说　明
间歇润滑	旋盖式油杯		用于脂润滑 旋盖式油杯的杯盖与杯体采用螺纹连接，旋转杯盖就可以将杯体内的润滑脂挤入轴承内
连续润滑	芯捻式油杯		用于油润滑 杯体内的润滑油依靠芯捻的毛细作用进入润滑处，实现连续润滑。其特点是注油量较小，适用于轻载、转速较低的场合
	油环润滑		用于油润滑 轴旋转时带动油环转动，油环将油池内的润滑油带到轴颈处实现润滑。油环润滑结构简单，但轴的转速应适当，才能充分供油
	压力润滑		用于油润滑 用液压泵把油液通过油管注入到轴承中去进行润滑。这种润滑能保证连续供油，且供油量可以调节，即使在高速重载下也能获得良好的润滑效果。但结构复杂，成本较高。适用于大型、重载、高速、精密和自动化机械设备

拆装滚动轴承要掌握正确的方法，以免在拆装过程中损坏轴承和其他零件。拆装轴承最常用的方法是压力（拉力）法，其次是温差法。温差法是将轴承放进烘箱或热油中，使轴承的内圈受热膨胀，然后即可将轴承顺利装在轴上。拆装减速器中的轴承一般用压力法。

一、拆卸滚动轴承

1. 拉力拆卸法

图 1-29 所示是用轴承拆卸器（俗称拉马、拔子）从轴上拆卸轴承。应注意：从轴上拆卸轴承时，应卡住轴承的内圈；从座孔中拆卸轴承时，应用反向爪拆卸轴承的外圈。操作时拆卸器的丝杠一定要顶正轴中心，并使轴承内圈（或外圈）受力均匀，不可用手锤猛敲，以免造成轴和轴承的损坏。

2. 压力拆卸法

当轴不太重时，可以用压力法拆卸轴承，如图 1-30 所示。注意：采用该方法时，不能只垫轴承的外圈，以免损坏轴承。

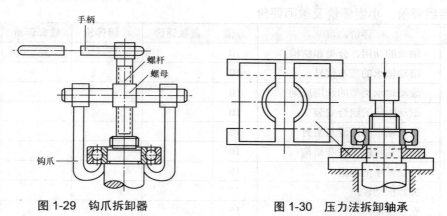

图 1-29　钩爪拆卸器　　　　　图 1-30　压力法拆卸轴承

在没有压力机的情况下，也可用捶击法拆卸轴承。捶击时在轴的端面上要垫上木材或铜垫片等软质垫块，以防止捶击力损坏轴的端面。

二、安装滚动轴承

压力法安装轴承就是使用锤子或压力机对轴承施加捶击力或压力压装轴承。

锤击法操作简单方便。在轴颈或轴承内圈的内表面涂一层润滑油后，将轴承套在轴端，用手锤和紫铜棒对称而均匀地将轴承打入，如图 1-31（a）所示，直到内圈与轴肩靠紧为止。采用这种方法，不论敲击时如何仔细，实际上轴承的受力既不对称也不均匀，所以，这种方法只能用在过盈很小的情况下。为使受力均匀，可将套管作为传递力的工具。套管的端面要平，将轴承装到轴上时，套管应压在轴承的内圈上，如图 1-31（b）所示。若要将轴承装在轴承座孔里，套管端部应压在轴承的外圈上。

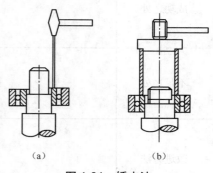

（a）　　　　　　（b）

图 1-31　锤击法

在有压力机的情况下，应用压入法代替锤击法。由于轴承的内、外圈较薄，装配时容易变形，因此，应使用铜质或软质钢材制造的装配套筒垫在内、外圈上，使压装时内、外圈受力均匀，并保证滚动体不受任何装配力作用。图 1-32 和图 1-33 所示分别是轴承内圈和外圈压装，通过压轴承的内圈或外圈，将轴承压装到轴上或座孔中。

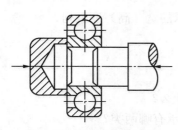

图 1-32　轴承内圈压装

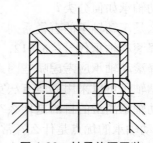

图 1-33　轴承外圈压装

任务学习评价

一、自我评价、小组评价及教师评价

评价项目	评价内容	分值	自我评价	小组评价	教师评价	得分
基本知识	轴承的功用、分类和结构	10				
	滚动轴承的基本代号	10				
	滚动轴承类型的选用原则	10				
	滚动轴承的组合安装	10				
	滚动轴承的润滑与密封	10				
	滑动轴承的类型和结构	10				
	滑动轴承的润滑	10				
基本技能	拆卸滚动轴承	15				
	安装滚动轴承	15				

二、个人学习总结

成功之处	
不足之处	
改进方法	

三、习题和思考题

1．轴承的功用是什么？分哪两类？

2．滚动轴承有哪些优点？

3．滚动轴承由哪些零件组成？常见的滚动体有哪些种类？

4．滚动轴承如何分类？

5．什么是滚动轴承的直径系列？什么是滚动轴承的宽（高）度系列？

6．解释滚动轴承代号：61912；N2309。

7．选择滚动轴承应考虑哪些因素？

8．滚动轴承可以采用哪些方法实现轴向固定？

9．滚动轴承润滑的目的是什么？密封的目的是什么？

10．滑动轴承的优点是什么？常见的径向滑动轴承有哪两类？

11．滑动轴承的润滑方法有哪些？

任务三 拆装齿轮

任务学习目标

学 习 目 标	学 时
① 掌握键连接的功用和类型 ② 掌握平键连接的特点、种类、应用 ③ 了解其他键连接的特点 ④ 了解齿轮的其他周向固定方法 ⑤ 掌握普通平键连接的装拆	2

任务情境创设

拆卸下轴承后，我们就可以拆卸齿轮了。该减速器的齿轮是通过键和轴连接在一起的。那么键连接是怎么回事？它有哪些形式？除键连接外还有什么方法可以实现齿轮和轴的连接？

基本知识

键连接主要用来实现轴和轴上零件（如齿轮、带轮等）的周向固定，并传递运动和转矩，如图 1-34 所示。有的键还可以实现轴上零件的轴向固定或在轴上零件沿轴向滑动时起导向作用。常用键连接的类型有：平键连接、半圆键连接、花键连接、楔键连接和切向键连接等。

图 1-34 键连接示意图

一、平键连接

平键连接中键的两个侧面与键槽侧面紧密接触，键的顶面与轮毂槽底之间留有间隙，工作时靠键和槽的侧面互相挤压传递运动和扭矩。所以平键连接是以键的两个侧面为工作面的。其特点是对中性好、装拆方便、结构简单、工作可靠，但不能实现轴上零件的轴向固定。

平键连接又可分为普通平键连接和导向平键连接。

1．普通平键连接

（1）普通平键连接的类型和特点

普通平键用于静连接，即轴与轮毂间无相对轴向移动的连接。普通平键按端部形状可分为 A 型（圆头）、B 型（方头）、C 型（单圆头）3 种，如图 1-35 所示。普通平键应用最广，它适用于高速、高精度和承受变载、冲击的场合。

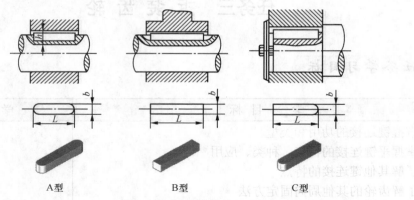

图 1-35　普通平键连接

（2）普通平键的尺寸和选用

普通平键已标准化，它的主要尺寸是键宽 b、键高 h 与长度 L。一般根据轴的直径从标准中选取键的剖面尺寸 b×h，键的长度 L 一般等于或略小于轮毂的长度并要符合键的长度系列。普通平键和键槽的尺寸见表 1-15。

表 1-15　普通平键和键槽的尺寸（摘自 GB/T 1095—2003 和 GB/T 1096—2003）

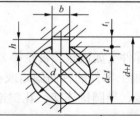

轴的直径 d	键		键　槽	
	b×h	L	t	t_1
自 6～8	2×2	6～20	1.2	1
>8～10	3×3	6～36	1.8	1.4
>10～12	4×4	8～45	2.5	1.8
>12～17	5×5	10～56	3.0	2.3
>17～22	6×6	14～70	3.5	2.8
>22～30	8×7	18～90	4.0	3.3
>30～38	10×8	22～110	5.0	3.3
>38～44	12×8	28～140	5.0	3.3
>44～50	14×9	36～160	5.5	3.8
>50～58	16×10	45～180	6.0	4.3
>58～65	18×11	50～200	7.0	4.4
>65～75	20×12	56～220	7.5	4.9
>75～85	22×14	63～250	9.0	5.4
键长标准系列	6，8，10，12，14，16，18，20，22，25，28，32，36，40，45，50，56，63，70，80，90，100，110，125，140，160…			

（3）普通平键的标记

普通平键的标记形式为："键型 $b \times L$ GB/T 1096—2003"。圆头普通平键（A 型）可不标出键型，B 型键和 C 型键必须标出键型。

如：键 B16×100 GB/T 1096—2003，表示 $b=16$mm，$h=10$mm，$L=100$mm 的方头普通平键。

2．导向平键连接

当零件需要作轴向移动时，可采用导向平键连接，如图 1-36 所示。导向平键比普通平键长，为防止键体在轴中松动，用两个螺钉将其固定在轴上。有的导向平键还有起键螺钉孔，可拧入螺钉使键退出键槽，以便于拆卸。

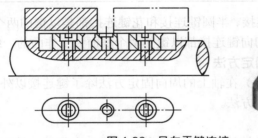

图 1-36　导向平键连接

二、其他键连接

其他键连接的形式、特点和应用见表 1-16。

表 1-16　　　　　　　　　　键和键连接的类型、特点及应用

类型	图　　例	特点及应用
半圆键连接		半圆键的两侧面为工作面。键在槽中能绕键的几何中心摆动，可以自动适应轮毂上键槽的斜度。半圆键连接制造简单，装拆方便，缺点是轴上键槽较深，对轴削弱较大 适用于载荷较小的连接或锥形轴与轮毂的连接
花键连接	（a）矩形花键连接　（b）渐开线花键连接	轴和毂孔周向均布多个键齿构成的连接称为花键连接，由内花键和外花键组成。按齿形不同可分为矩形花键连接和渐开线花键连接两类。齿的侧面是工作面。由于是多齿传递载荷，所以承载能力较高，对轴的强度削弱小，具有定心精度高和导向性能好等优点 适用于定心精度要求高、载荷大或经常滑移的连接
楔键连接	≥1：100	键的上表面有 1：100 的斜度，轮毂键槽的底面也有 1：100 的斜度，装配时将键打入轴和毂槽内，其工作面上产生很大的预紧力，工作时靠键、轴、轮毂之间产生的摩擦力传递转矩，并能承受单方向的轴向力 楔键仅适用于定心精度要求不高、载荷平稳和低速的连接

续表

类型	图　例	特点及应用
切向键连接	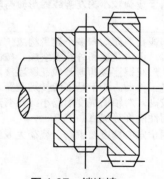 ≥1:100	将一对斜度为1∶100的楔键分别从轮毂两端打入,从而得到切向键。其工作面就是拼合后相互平行的两个窄面,工作时就靠这两个窄面上的挤压力和轴与轮毂间的摩擦力来传递转矩。能传递很大的转矩,但键槽对轴的削弱较大 　主要用于轴径较大、对中性要求不高、载荷较大的重型机械。如大型带轮及飞轮、矿用大型绞车的卷筒及齿轮等与轴的连接

　　上述键连接类型中,平键连接、半圆键连接和花键连接都是以键的两个侧面为工作面的,统称为松键连接;楔键连接和切向键连接都以键的两个底面为工作面的,统称为紧键连接。

三、轴上零件的其他周向固定方法

　　轴上零件(如齿轮、带轮等)在轴上的周向固定方法除了键连接以外还有销连接、过盈配合连接、紧定螺钉连接等常用方法。

1．销连接

　　在任务一中我们已经知道了销的功能、销的基本形式和定位销。销也可用于轴和轴上零件的连接,并传递不大的载荷,如图1-37所示。

2．过盈配合连接

　　过盈配合连接是利用零件间的装配过盈形成的紧连接。装配后,两个被连接零件之间产生径向变形,在接触面间产生径向压力,工作时,靠配合面上的摩擦力来传递载荷。

　　过盈连接的优点是结构简单,对中性好,对轴削弱少,在冲击震动载荷下工作可靠。缺点是对配合尺寸的精度要求高,装拆困难。过盈配合连接的装配方法有压入法和温差法。

3．紧定螺钉连接

　　紧定螺钉连接(如图1-38所示)在实现周向固定的同时还实现了轴上零件的轴向固定,结构简单,但只能承受小载荷。

图1-37　销连接

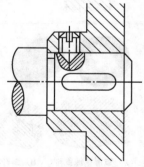

图1-38　紧定螺钉连接

一、拆装齿轮

　　拆装齿轮的基本方法和滚动轴承相似。安装齿轮时注意要把齿轮孔的键槽对准轴上的键套入。

二、拆装平键

（1）从轴上拆下齿轮后便可以看到键。一般可以直接用手钳卸出键；也可以使用锤子和铜棒从键的两端或侧面进行敲击而卸出键。

（2）安装平键时先把平键放入轴的键槽内，然后用木锤或铜锤轻敲砸紧即可。

 任务学习评价

一、自我评价、小组评价及教师评价

评价项目	评价内容	分值	自我评价	小组评价	教师评价	得分
基本知识	键连接的功用和类型	20				
	平键连接的特点、种类、应用	20				
	其他键连接	20				
	齿轮的其他周向固定方法	10				
基本技能	拆装齿轮	20				
	拆装平键	10				

二、个人学习总结

成功之处	
不足之处	
改进方法	

三、习题和思考题

1. 键连接的功用是什么？常用的键连接有哪几种？

2. 平键连接的工作面是哪里？分哪几类？其特点是什么？

3. 普通平键有哪几种形式？它的主要尺寸有哪几个？如何选用普通平键？

4. 除键连接外，齿轮等轴上零件的其他周向固定方法有哪些？

任务四 认识齿轮

任务学习目标

学习目标	学时
① 了解渐开线和渐开线齿廓的特点 ② 掌握直齿圆柱齿轮的几何要素和基本参数 ③ 会计算标准直齿圆柱齿轮的几何尺寸 ④ 了解斜齿圆柱齿轮、人字齿轮、直齿锥齿轮	6

任务情境创设

在任务三中拆卸下的齿轮共有 4 个，它们是一对直齿圆柱齿轮和一对斜齿圆柱齿轮，它们组成了减速器的传动系统。齿轮传动是通过主动齿轮和从动齿轮组成齿轮副来传递运动和动力的一种机械传动，属于啮合传动。那么，齿轮究竟是一种什么样的零件？如何来描述它的各个组成部分和尺寸？除了这两种齿轮外还有哪些种类的齿轮？下面就从认识直齿圆柱齿轮开始，一起来认识齿轮、学习齿轮的基本知识。

基本知识

一、齿轮的类型

齿轮按其外形可以分为圆柱齿轮、锥齿轮、齿条和特殊的齿轮（蜗杆、蜗轮）。圆柱齿轮又分为直齿圆柱齿轮、斜齿圆柱齿轮和人字齿圆柱齿轮 3 种，锥齿轮也有直齿锥齿轮和斜齿锥齿轮两种。图 1-39 为常见的相互啮合的各类齿轮。

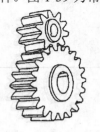 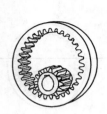  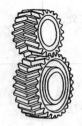

（a）外啮合直齿圆柱齿轮　（b）内啮合直齿圆柱齿轮　（c）斜齿圆柱齿轮　（d）人字齿圆柱齿轮

  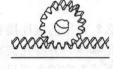 

（e）直齿锥齿轮　（f）斜齿锥齿轮　（g）齿轮、齿条　（h）蜗杆、蜗轮

图 1-39　常见的各类齿轮

二、渐开线齿廓

标准圆柱齿轮的齿廓曲线是渐开线。

1. 渐开线齿廓的形成

如图 1-40 所示,在平面上,当一动直线 AB 在半径为 r_b 的圆上作纯滚动时,此动直线上任一点 K 的运动轨迹 CKD 称为该圆的一条渐开线。这个圆称为渐开线的基圆,直线 AB 称为渐开线的发生线。

渐开线齿轮的轮齿是由两条对称的反向渐开线作齿廓而组成的,如图 1-41 所示。

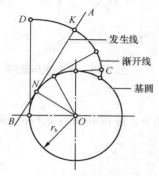

图 1-40 渐开线的形成

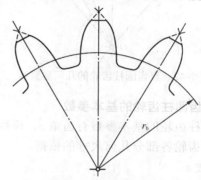

图 1-41 渐开线齿廓的形成

2. 渐开线齿廓的特点

渐开线的性质能保证齿轮传动具有恒定的瞬时传动比,良好的传动平稳性,传递运动准确可靠。并且,当渐开线齿轮的实际安装中心距略有变化时,不影响传动比,对加工和装配很有利。正是由于渐开线具有上述特性,在工程上才广泛采用渐开线作齿轮齿廓曲线。

三、直齿圆柱齿轮的几何要素

图 1-42 所示是一直齿圆柱齿轮的一部分,其主要几何要素如下。

① 端平面:在圆柱齿轮上,垂直于齿轮轴线的表面。

② 齿顶圆:过齿轮的齿顶所作的圆,其直径用 d_a 表示,半径用 r_a 表示。

③ 齿根圆:过齿轮各齿槽底部所作的圆,其直径用 d_f 表示,半径用 r_f 表示。

④ 分度圆:此圆位于齿顶圆和齿根圆之间,作为计算的基准圆。其直径用 d 表示,半径用 r 表示。

⑤ 齿宽:轮齿沿轴线方向的长度,用 b 表示。

⑥ 齿距:相邻两齿同侧端面齿廓之间的分度圆弧长,用 p 表示。

⑦ 齿厚:一个齿的两侧端面齿廓之间的分度圆弧长,用 s 表示。

⑧ 槽宽:一个齿槽的两侧端面齿廓之间的分度圆弧长,用 e 表示。

对于标准圆柱齿轮,在分度圆上齿厚等于槽宽,即 $s=e$。

⑨ 齿顶高:齿顶圆与分度圆之间的径向距离,用 h_a 表示。

⑩ 齿根高:齿根圆与分度圆之间的径向距离,用 h_f 表示。

⑪ 全齿高:齿顶圆到齿根圆之间的径向距离,用 h 表示。

⑫ 中心距:相啮合的一对齿轮两轴线之间的最短距离,用 a 表示,如图 1-43 所示。

⑬ 顶隙:在齿轮副中,一个齿轮的齿顶与另一个齿轮的齿根间在连心线上度量的距离,用 c 表示,如图 1-43 所示。齿轮副中留有顶隙,保证齿顶不和另一齿轮的齿根相碰撞。

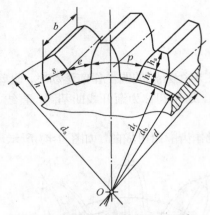

图 1-42　直齿圆柱齿轮的几何要素

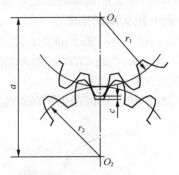

图 1-43　中心距和顶隙

四、直齿圆柱齿轮的基本参数

直齿圆柱齿轮的基本参数有齿数 z、模数 m、齿形角 α、齿顶高系数 h_a^* 和顶隙系数 c^*。它们是计算齿轮各部分几何尺寸的依据。

1．齿数 z

一个齿轮的轮齿数目，用符号 z 表示。

2．模数 m

齿距 p 除以圆周率 π 所得的商称为模数，用符号 m 表示，单位为 mm。为了计算和生产的方便，人们人为地把模数规定为有理数。模数是齿轮设计和几何尺寸计算中最基本的一个参数。模数越大，轮齿越大，齿轮的强度越高，承载能力越强。

模数已经标准化，见表 1-17。

表 1-17　　　　　标准模数系列（摘自 GB1357—87）　　　　　单位：mm

第一系列	1	1.25	1.5	2	2.5	3	4	5	6
	8	10	12	16	20	25	32	40	50
第二系列	1.75	2.25	2.75	(3.25)	3.5	(3.75)	4.5	5.5	(6.5)
	7	9	(11)	14	18	22	28	36	45

3．齿形角 α

齿形角指分度圆上的端面齿形角，即在端平面内，端面齿廓与分度圆的交点处的径向直线与齿廓在该点处的切线所夹的锐角，用代号 α 表示，如图 1-44 所示。国家标准规定渐开线圆柱齿轮分度圆上的齿形角 $\alpha=20°$。

4．齿顶高系数 h_a^*

在设计和制造齿轮时，全齿高是通过规定齿顶高和齿根高而确定的。标准人为地把齿顶高和模数联系起来，即规定齿顶高和模数成倍数关系：$h_a=h_a^* m$。标准直齿圆柱齿轮又有正常齿和短齿两种，其齿顶高系数分别为 1 和 0.8。

图 1-44　齿形角

5．顶隙系数 c^*

标准同时人为地把顶隙和模数联系起来，即规定顶隙和模数成倍数关系：$c=c^* m$。正常齿和短齿两种齿轮的顶隙系数分别为 0.25 和 0.3。

至此，我们可以给出标准直齿圆柱齿轮的完整定义了：采用标准模数 m，齿形角 α 为 20°，齿顶高系数和顶隙系数都取标准值，齿厚 s 等于槽宽 e 的渐开线直齿圆柱齿轮，就是标准直齿圆柱齿轮，简称标准直齿轮。

五、标准直齿圆柱齿轮几何尺寸的计算

外啮合标准直齿圆柱齿轮各部分几何尺寸计算公式见表 1-18。

表 1-18　　　　　　　　　外啮合标准直齿圆柱齿轮几何尺寸计算公式

名　称	代　号	公　式	说　明
分度圆直径	d	$d_1=mz_1$；$d_2=mz_2$	正常齿 $h_a{}^*=1$
齿顶高	h_a	$h_a=h_a{}^*m$	短齿 $h_a{}^*=0.8$
齿根高	h_f	$h_f=(h_a{}^*+c^*)m$	正常齿 $c^*=0.25$
齿全高	h	$h=h_a+h_f$	短齿 $c^*=0.3$
齿顶圆直径	d_a	$d_{a1}=d_1+2h_a=m(z_1+2h_a{}^*)$；$d_{a2}=m(z_2+2h_a{}^*)$	
齿根圆直径	d_f	$d_{f1}=d_1-2h_f=m(z_1-2h_a{}^*-2c^*)$；$d_{f2}=m(z_2-2h_a{}^*-2c^*)$	
分度圆齿距	p	$p=\pi m$	
分度圆齿厚	s	$s=\dfrac{1}{2}\pi m$	如无具体说明，按正常齿计算
分度圆齿槽宽	e	$e=\dfrac{1}{2}\pi m$	
中心距	a	$a=(d_1+d_2)/2=m(z_1+z_2)/2$	

六、其他类型齿轮

1．斜齿圆柱齿轮

（1）斜齿圆柱齿轮齿面的形成

斜齿圆柱齿轮的齿面是渐开螺旋面。所谓"渐开螺旋面"，是一平面（发生面）沿一个固定的圆柱面（基圆柱面）作纯滚动时，此平面上一条与基圆柱面的轴线倾斜交错成恒定角度 β_b 的直线 KK 在空间的轨迹曲面，如图 1-45 所示。

（2）斜齿圆柱齿轮的旋向

斜齿圆柱齿轮轮齿的螺旋方向分为左旋和右旋。其旋向可用图 1-46 所示的右手定则来判定：伸出右手，掌心对准自己，四指顺着齿轮的轴线，若齿向与拇指指向一致，则该齿轮为右旋齿轮，反之为左旋齿轮。

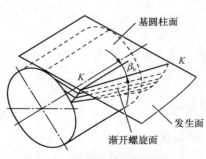

图 1-45　渐开螺旋面的形成

（a）右旋　　　　　　（b）左旋

图 1-46　斜齿轮的旋向判定

（3）斜齿圆柱齿轮的几何参数

斜齿轮的几何参数有端面参数和法面参数两组。端面是与齿轮轴线垂直的平面，法面是与斜齿轮轮齿相垂直的平面。通常规定法面参数为标准值。

斜齿圆柱齿轮比直齿圆柱齿轮多一个基本参数——螺旋角。通常所说的斜齿圆柱齿轮上的螺旋角是指分度圆柱上的螺旋角，即分度圆螺旋线的切线与过切点的圆柱面至母线之间所夹的锐角，并用 β 表示，如图 1-47 所示。

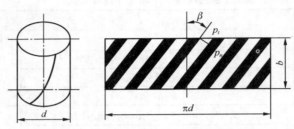

图 1-47　斜齿圆柱齿轮分度圆柱面展开图

2．人字齿圆柱齿轮

我们可以认为人字齿圆柱齿轮是由两个旋向相反的斜齿圆柱齿轮组合而成的。

3．直齿锥齿轮

斜齿锥齿轮的设计和制造比较复杂，应用远少于直齿锥齿轮。与直齿圆柱齿轮相比，直齿圆锥齿轮的轮齿分布在圆锥面上，所以圆锥齿轮的齿型从大端到小端逐渐收缩。为便于测量和计算，通常取大端的参数为标准值。

4．蜗轮和蜗杆

我们将在任务七中专门讨论蜗轮和蜗杆。

一、计算标准直齿圆柱齿轮的几何尺寸

取减速器的一个直齿圆柱齿轮，经测量得知其齿顶圆直径 d_a=417.5mm，其齿数 z=165。试求它的分度圆直径、齿距、齿顶高和齿根高。

分析：计算分度圆直径、齿距、齿顶高和齿根高的公式分别为：分度圆直径 $d=mz$、齿距 $p=\pi m$、齿顶高 $h_a=h_a^*m$、齿根高 $h_f=(h_a^*+c^*)m$，这里都要用到模数 m，所以要根据已知条件求出模数 m。并且，这里应按正常齿对待，即取 h_a^*=1、正常齿 c^*=0.25。

解：$\because d_a = m(z+2)$

$$\therefore m = \frac{d_a}{z+2} = \frac{417.5}{165+2} = 2.5 \text{ mm}$$

$\therefore$ 分度圆直径 $d = mz = 2.5 \times 165 = 412.5 \text{ mm}$

齿距 $p = \pi m = 3.14 \times 2.5 = 7.85 \text{ mm}$

齿顶高 $h_a = h_a^*m = 1 \times 2.5 = 2.5 \text{ mm}$

齿根高 $h_f = (h_a^*+c^*)m = (1+0.25) \times 2.5 = 3.125 \text{ mm}$

任务学习评价

一、自我评价、小组评价及教师评价

评价项目	评价内容	分值	自我评价	小组评价	教师评价	得分
基本知识	渐开线和渐开线齿廓的特点	10				
	直齿圆柱齿轮的几何要素	15				
	直齿圆柱齿轮的基本参数	15				
	斜齿圆柱齿轮的形成和标准参数	10				
	人字齿轮、直齿锥齿轮	10				
基本技能	标准直齿圆柱齿轮的几何尺寸的计算	40				

二、个人学习总结

成功之处	
不足之处	
改进方法	

三、习题和思考题

1. 齿轮有哪些种类？
2. 标准圆柱齿轮的齿廓曲线是什么线？这种曲线作齿廓有什么优点？
3. 齿距和齿厚、槽宽有什么关系？
4. 齿高和齿顶高、齿根高有什么关系？
5. 什么是齿形角？标准圆柱齿轮的齿形角是多少？
6. 什么是模数？它的单位是什么？
7. 斜齿圆柱齿轮和直齿锥齿轮的标准参数分别在哪个面上？
8. 已知一标准直齿圆柱齿轮，$z=50$，$h=22.5$m，求 d_a。
9. 已知一标准直齿圆柱齿轮，$p=25.12$mm，$d=360$mm，求 z，d_a。

任务五 分析减速器的传动

任务学习目标

学 习 目 标	学时
① 理解齿轮传动的特点和应用 ② 掌握直齿圆柱齿轮传动的正确啮合条件和特点 ③ 掌握齿轮传动传动比的计算和从动轮转速的计算 ④ 掌握斜齿圆柱齿轮传动的正确啮合条件和特点 ⑤ 了解齿轮轮齿的失效形式	2

任务情境创设

我们所拆卸的减速器属于二级减速器，主动轴通过斜齿圆柱齿轮传动带动中间轴转动，中间轴再通过直齿圆柱齿轮传动带动从动轴转动，从而使从动轴得到较低的转速（如图1-48所示）。假设主动轴的转速为 $n_1=960r/min$，那么从动轴的转速是多少？解决这类问题需要我们掌握齿轮传动的基本知识。

图1-48 减速器内的齿轮传动

基本知识

一、齿轮传动的应用特点

和带传动、链传动等其他传动方法相比较，齿轮传动具有以下应用特点。

① 能保证瞬时传动比的恒定，传动平稳性好，传递运动准确可靠。

② 传递功率和速度的范围大。

③ 传动效率高（蜗轮蜗杆传动除外）。一般传动效率可以达到0.94～0.99。

④ 结构紧凑，工作可靠，寿命长。

⑤ 制造和安装精度要求高，工作时有噪声。

⑥ 齿轮的齿数为整数，能获得的传动比受到一定的限制，不能实现无级变速。

⑦ 不适宜中心距较大的场合。

当然，不同的齿轮传动的特点又有所不同。

二、直齿圆柱齿轮传动

1．直齿圆柱齿轮传动的正确啮合条件

一对齿轮能连续顺利地传动，需要各对轮齿依次正确啮合互不干涉。为保证传动时不出现因两齿廓局部重叠或侧隙过大而引起的卡死或冲击现象，必须使两轮的齿距相等，由此可得标准直齿圆柱齿轮的正确啮合条件是：

① 两齿轮的模数必须相等，$m_1= m_2$；

② 两齿轮分度圆上的齿形角必须相等，$\alpha_1= \alpha_2$。

2．**直齿圆柱齿轮传动的传动比**

传动比就是主动轮转速 n_1 与从动轮转速 n_2 之比，用符号 i_{12} 表示。

在一对齿轮传动中，相同时间内主动齿轮和从动齿轮转过的齿数是相等的，即有：$z_1 n_1 = z_2 n_2$，由此可得一对齿轮的传动比：

$$i_{12} = \frac{n_1}{n_2} = \frac{z_2}{z_1}$$

式中，n_1——主动齿轮的转速（r/min）；

　　　n_2——从动齿轮的转速（r/min）；

　　　z_1——主动齿轮的齿数；

　　　z_2——从动齿轮的齿数。

上式说明，齿轮传动中齿轮的转速和它的齿数成反比。

其他齿轮传动的传动比可以按同样的公式计算。齿轮副的传动比不宜过大，否则会使齿轮副的结构尺寸过大，不利于制造和安装。通常，圆柱齿轮副的传动比 $i \leqslant 8$，圆锥齿轮副的传动比 $i \leqslant 5$。

3．**直齿圆柱齿轮传动的特点**

直齿圆柱齿轮传动适用于在两平行轴之间传递运动和动力，具有前述的齿轮传动的所有特点。直齿圆柱齿轮啮合时，齿面的接触线均平行于齿轮轴线，轮齿是沿整个齿宽同时进入啮合、同时脱离啮合的，载荷沿齿宽突然加上及卸下。因此，直齿轮传动的平稳性较差，容易产生冲击和噪声，不适合用于高速和重载的传动中。

三、斜齿圆柱齿轮传动

1．**斜齿圆柱齿轮传动的正确啮合条件**

标准斜齿圆柱齿轮的正确啮合条件是：两齿轮的法面模数相等，齿形角相等，螺旋角相等且螺旋方向相反（外啮合）或相同（内啮合），即

$$\begin{cases} m_{n1} = m_{n2} \\ \alpha_1 = \alpha_2 \\ \beta_1 = \pm\beta_2 \end{cases}$$

式中，外啮合时旋向相反（即 $\beta_1 = -\beta_2$），内啮合时旋向相同（即 $\beta_1 = +\beta_2$）。

2．**斜齿圆柱齿轮传动的特点**

一对平行轴斜齿圆柱齿轮啮合时，齿廓是逐渐进入啮合、逐渐脱离啮合的。如图 1-49 所示，斜齿轮齿廓接触线的长度由零逐渐增加，又逐渐缩短，直至脱离接触。当其齿廓前端面脱离啮合时，齿廓的后端面仍在啮合中，载荷在齿宽方向上不是突然加上及卸下，其啮合过程比直齿轮长，同时啮合的轮齿对数也比直齿轮多，因此，斜齿轮传动工作较平稳、承载能力强、噪声和冲击较小，适用于高速、大

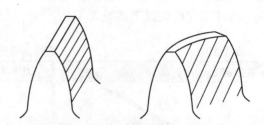

图 1-49　直齿圆柱齿轮传动和斜齿圆柱齿轮传动的啮合线

功率的传动。但是，由于斜齿轮的轮齿是螺旋形的，齿轮间的作用力比直齿轮传动要多一个轴向分力。

四、直齿圆锥齿轮传动

图 1-50 所示为直齿圆锥齿轮传动。它是一种在两相交轴之间传递运动和动力的齿轮机构。两轴的交角可以是任意的，但通常为 90°。

直齿圆锥齿轮的正确啮合条件是两齿轮的大端端面模数、大端齿形角分别相等，即

$$\begin{cases} m_1 = m_2 \\ \alpha_1 = \alpha_2 \end{cases}$$

五、齿轮齿条传动

图 1-51 所示为齿轮齿条传动。它可将齿轮的回转运动变为齿条的往复直线运动，或将齿条的直线往复运动变为齿轮的回转运动。

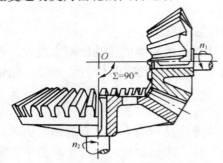

图 1-50　直齿圆锥齿轮传动　　　　　图 1-51　齿轮齿条传动

六、齿轮轮齿的失效形式

齿轮在工作过程中，由于各种原因而损坏，使其失去工作能力的现象称为失效。常见的失效形式有轮齿折断、齿面点蚀、齿面磨损、齿面胶合以及轮齿塑性变形等。

轮齿的失效形式与传动工作情况相关。按工作情况，齿轮传动可分为开式传动和闭式传动两种。开式传动是指齿轮裸露或只有简单的遮盖，工作时环境中粉尘、杂物易侵入啮合齿间，润滑条件较差的情况。闭式传动是指被封闭在箱体内，且润滑良好（常用浸油润滑）的齿轮传动。开式传动失效以齿面磨损及磨损后的轮齿折断为主，闭式传动失效则以齿面点蚀或齿面胶合为主。

轮齿失效还与受载、工作转速和齿面硬度有关。硬齿面（硬度＞350HBS）、重载时易发生轮齿折断，高速、中小载荷时易发生疲劳点蚀；软齿面（硬度≤350HBS）、重载、高速时易发生胶合，低速时则产生塑性变形。

齿轮常见的失效形式见表 1-19。

表 1-19　　　　　　　　　　　　齿轮常见的失效形式

失效形式	示　意　图	工作环境	产生原因	避免措施
轮齿折断	折断面	开式、闭式传动中均可能发生	在载荷反复作用下，齿根弯曲应力超过允许限度时发生疲劳折断；用脆性材料制成的齿轮，因短时过载、冲击发生突然折断	限制齿根危险截面上的弯曲应力；选用合适的齿轮参数和几何尺寸；降低齿根处的应力集中；强化处理和良好的热处理工艺

续表

失效形式	示 意 图	工作环境	产生原因	避免措施
齿面点蚀	出现麻坑、剥落	闭式传动	在载荷反复作用下，轮齿表面接触应力超过允许限度时，发生疲劳点蚀	限制齿面的接触应力；提高齿面硬度、降低齿面的表面粗糙度值；采用黏度高的润滑油及适宜的添加剂
齿面磨损	磨损部分	主要发生在开式传动中，润滑油不洁的闭式传动中也可能发生	灰尘、金属屑等杂物进入啮合区	使用清洁的润滑油；提高润滑油黏度，加入适宜的添加剂；选用合适的齿轮参数及几何尺寸、材质、精度和表面粗糙度；开式传动选用适当防护装置
齿面胶合	齿面出现沟痕	高速、重载或润滑不良的低速、重载传动中	齿面局部温升过高，润滑失效；润滑不良	进行抗胶合能力计算，限制齿面温度；保证良好润滑，采用适宜的添加剂；降低齿面的表面粗糙度值
轮齿塑性变形	ω_2 ω_1	低速、重载传动	硬度较低的软齿面齿轮，在低速重载时，由于齿面压力过大，在摩擦力作用下，齿面金属产生塑性流动而失去原来的齿形	提高齿面硬度和润滑油黏度，尽量避免频繁启动和过载，均有助于防止或减轻齿面塑性变形

基本技能

一、齿轮传动传动比的计算

图 1-52 所示为一种二级圆柱齿轮减速器的传动示意图。第一级为斜齿圆柱齿轮传动，已知 $z_1=24$，$z_2=95$，第二级为直齿圆柱齿轮传动，已知 $z_3=30$，$z_4=88$。试求第一级斜齿圆柱齿轮传动和第二级直齿圆柱齿轮传动的传动比。若电动机的转速为 960r/min，试求该减速器的输出转速。

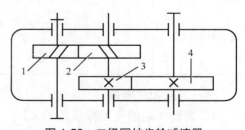

图 1-52　二级圆柱齿轮减速器

解：① 第一级斜齿圆柱齿轮传动的传动比

$i_{12} = \dfrac{z_2}{z_1} = \dfrac{95}{24} \approx 3.96$ 。

② 第二级直齿圆柱齿轮传动的传动比 $i_{34} = \dfrac{z_4}{z_3} = \dfrac{88}{30} \approx 2.93$ 。

③ 中间轴的转速为 $n_2 = \dfrac{n_1}{i_{12}} = \dfrac{960}{3.96} \approx 242.4\ \text{r/min}$ 。

④ 输出轴的转速为 $n_3 = \dfrac{n_2}{i_{34}} = \dfrac{242.4}{2.93} \approx 82.7$ r/min。

答：第一级斜齿圆柱齿轮传动和第二级直齿圆柱齿轮传动的传动比分别为 3.96、2.93，该减速器的输出转速为 82.7 r/min。

任务学习评价

一、自我评价、小组评价及教师评价

评价项目	评价内容	分值	自我评价	小组评价	教师评价	得分
基本知识	齿轮传动的特点和应用	20				
	直齿圆柱齿轮传动的正确啮合条件和特点	20				
	斜齿圆柱齿轮传动的正确啮合条件和特点	20				
	齿轮轮齿的失效形式	10				
基本技能	齿轮传动传动比的计算	15				
	从动轮转速的计算	15				

二、个人学习总结

成功之处	
不足之处	
改进方法	

三、习题和思考题

1. 齿轮传动的应用特点是什么？
2. 直齿圆柱齿轮传动的正确啮合条件是什么？
3. 什么是传动比？
4. 斜齿圆柱齿轮传动的正确啮合条件是什么？
5. 轮齿的失效形式有哪几种？
6. 有一台齿轮传动机构，已知主动齿轮和从动齿轮的齿数分别为 28、70，求其传动比。若主动轮转速为 1500 r/min，那么从动轮的转速是多少？

任务六　分析输出轴

学 习 目 标	学时
① 掌握轴的功能、分类和特点 ② 掌握轴上零件的轴向固定方法 ③ 了解轴的材料	2

任务情境创设

　　在减速器及其他机械中，轴是重要的零件，其功用是支承回转零件，并传递运动和动力。轴上零件在轴上除了要周向固定外，有些还需要进行单向的或双向的轴向固定。另外，轴在工作过程中，要承受一定载荷的作用，使用一段时间后就会出现磨损或损坏等现象。减速器输出轴上的零件是如何实现轴向固定的？该轴用什么材料合适呢？解决这些问题需要我们掌握轴的基本知识。

基本知识

一、轴的类型

　　我们经常根据轴线形状和承载情况对轴进行分类。各类轴及其特点见表1-20所示。

表 1-20　　　　　　　　　　　　轴的类型及特点

分　　类		图　　例	特　　点	举　　例
按轴线形状分类	直轴		轴线为直线，也称转轴。结构简单，便于制造，应用最广	减速器中的轴
	曲轴		结构较复杂，用于往复式机械	内燃机曲轴
	挠性轴		能将旋转运动灵活地传到所需位置	手持动力机械、里程表中的轴
按承载情况分类	芯轴	固定芯轴	只承受弯矩，起支承作用	自行车前轮轴

续表

分　类		图　例	特　点	举　例
按承载情况分类	芯轴（转动芯轴）			铁路机车轮轴
	传动轴		只承受转矩而不承受弯矩或弯矩很小，仅起传递动力的作用	汽车发动机与后桥之间的轴
	转轴		既承受弯矩又承受转矩，是机器中最常用的一种轴	减速器中的轴

二、轴的结构

1. 轴的结构要求

图 1-53 所示的转轴代表了轴的典型结构。其中，轴与轴承配合的部位称为轴颈；与齿轮、联轴器等其他回转零件配合的部位称为轴头；连接轴颈和轴头的部分称为轴身。

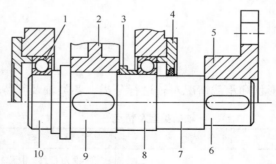

1—滚动轴承；2—齿轮；3—套筒；4—轴承盖；5—联轴器；6、9—轴头；7—轴身；8、10—轴颈

图 1-53　轴的结构

轴的结构应满足以下要求：轴上零件有准确可靠的固定；具有良好的制造工艺性，便于加工；便于轴上零件的装拆和调整；有利于提高轴的强度和刚度，节约材料，减轻重量。

2. 轴上零件的轴向固定

我们已经知道了轴上零件的周向固定方法。为保证轴上零件具有准确的工作位置，还要对轴上零件进行轴向固定。常用的轴向固定方法见表 1-21。

表 1-21　　　　　　　　　　轴上零件的轴向固定方法

轴向固定方法	结　构　简　图	特点及应用
轴肩、轴环		结构简单可靠，不需附加零件，能承受较大轴向力。应用广泛

续表

轴向固定方法	结构简图	特点及应用
圆锥面		装拆方便，能承受较大轴向力。适用于轴端、高速、冲击、对中性要求较高的场合
轴端挡圈		固定可靠，能承受较大轴向力。只适用于轴端
轴套	轴套	简单可靠，在不削弱轴的强度的条件下简化了轴的结构。适用于轴上两个近距离零件间的相对固定，不宜用于高速轴
圆螺母		固定可靠，能承受较大轴向力，能实现轴上零件的间隙调整。应采取防松措施，适用于轴的中部或轴端
弹性挡圈		结构紧凑简单，装拆方便，但受力较小，且轴上的切槽将引起应力集中。常用于轴承的固定
紧定螺钉		结构简单，但受力较小，且不宜用于高速轴

3．轴的结构工艺性

对轴进行结构工艺性设计的目的是为了便于轴的制造、轴上零件的装配和使用维修。主要有以下几点。

（1）轴的形状应力求简单，阶梯数尽可能少，直径中间大、两端小，便于轴上零件的装拆，如图 1-53 所示。

（2）轴端、轴颈与轴肩的过渡部位应有倒角或过渡圆角，如图 1-54 所示。

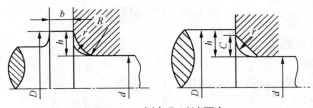

图 1-54　倒角和过渡圆角

（3）在需要磨削或切制螺纹时，应留出砂轮越程槽或螺纹退刀槽，如图 1-55 所示。

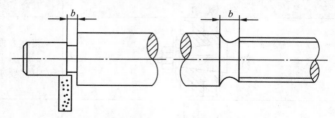

图 1-55　砂轮越程槽和螺纹退刀槽

三、轴的材料

轴的材料主要是碳钢和合金钢。一般用途的轴常用优质碳素结构钢，如 35 号钢、45 号钢、50 号钢等，其中以 45 号钢用得最为广泛；轻载或不重要的轴可采用 Q235、Q275 等普通碳素钢；重载或重要的轴可选用 35SiMn 等合金结构钢；对于结构复杂的轴（如曲轴、凸轮轴）可采用球墨铸铁来代替锻钢；大直径或重要的轴常采用锻造毛坯，中小直径的轴常采用轧制圆钢毛坯。

减速器输出轴的材料应具有较好的强度、韧性及耐磨性，通常选用 45 号钢并经适当热处理即能满足使用要求。

一、分析输出轴的材料

减速器输出轴的材料应具有较好的强度、韧性及耐磨性，通常选用 45 号钢并经适当热处理来满足使用要求。

二、分析输出轴的结构

图 1-56 所示为减速器输出轴的结构，该轴中间大、两端小，便于轴上零件的装拆。

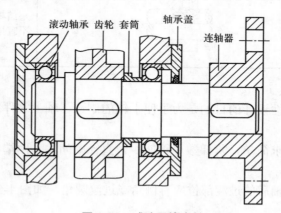

图 1-56　减速器输出轴

1．轴上零件的轴向固定

（1）左端滚动轴承

左端滚动轴承利用轴肩和轴承盖实现了双向固定。

（2）右端滚动轴承

右端滚动轴承利用轴套（套筒）和轴承盖实现了双向固定。

（3）齿轮

齿轮利用轴肩（轴环）和轴套（套筒）实现了双向固定。

（4）联轴器

联轴器利用轴肩实现了单向固定。

2．轴上零件的周向固定

（1）滚动轴承

两个滚动轴承和输出轴都采用了过盈配合，实现了周向固定，使轴承内圈与轴一起转动。

（2）齿轮

齿轮和轴采用键连接实现周向固定。

（3）联轴器

联轴器和轴采用键连接实现周向固定。

任务学习评价

一、自我评价、小组评价及教师评价

评价项目	评价内容	分值	自我评价	小组评价	教师评价	得分
基本知识	轴的功能、分类和特点	10				
	轴的结构要求	10				
	轴上零件的轴向固定	20				
	轴的结构工艺性	10				
	轴的材料	10				
基本技能	分析输出轴的材料	10				
	分析输出轴的结构	30				

二、个人学习总结

成功之处	
不足之处	
改进方法	

三、习题和思考题

1．轴的功用是什么？轴如何分类？自行车的前轴、中轴、后轴分别属于哪类轴？

2．轴上零件的轴向固定方法有哪些？

3．轴的常用材料有哪些？

任务七　分析蜗杆减速器的传动

任务学习目标

学 习 目 标	学时
① 掌握蜗杆传动的组成和类型 ② 掌握蜗杆的类型 ③ 会计算蜗杆传动的传动比 ④ 理解蜗杆传动的特点 ⑤ 掌握蜗杆传动中蜗轮转向的判定方法	2

任务情境创设

减速器的类型很多，除了我们学习过的圆柱齿轮减速器外，还有锥齿轮减速器、蜗杆减速器（如图 1-57 所示）等。蜗杆减速器利用了蜗杆传动，蜗杆传动是什么样的机构呢？它有哪些特点？现在我们就分析蜗杆减速器。

基本知识

图 1-57　蜗杆减速器

在运动转换中，常需要进行空间交错轴之间的运动转换，同时又要求大的传动比，还希望机构结构紧凑，采用蜗杆传动机构则可以满足这些要求。

一、蜗杆传动的组成和类型

1．蜗杆传动的组成

蜗杆传动主要由蜗杆和蜗轮组成，如图 1-58 所示。蜗杆的外形像一个螺杆，涡轮的形状像一个斜齿轮，但轮齿沿齿长方向弯曲成圆弧形，以便和蜗杆啮合。

（a）　　　　　　　　（b）　　　　　　　　（c）

1—蜗杆；2—蜗轮

图 1-58　蜗杆传动的组成

蜗杆传动主要用于在空间交错的两轴之间传递运动和动力，通常两轴间交角为 90°。一般情况下，蜗杆为主动件，蜗轮为从动件。

2．蜗杆传动的类型

蜗杆传动按照蜗杆形状的不同，可分为圆柱蜗杆传动、环面蜗杆传动和锥蜗杆传动（如图 1-59 所示）。

（a）圆柱蜗杆传动　　　（b）环面蜗杆传动　　　（c）锥蜗杆传动

图 1-59　蜗杆传动的类型

3．蜗杆的类型

蜗杆除了按形状的不同分为圆柱蜗杆、环面蜗杆和锥蜗杆以外，还可以按旋向或线数来分类。

（1）蜗杆的旋向

根据轮齿的螺旋方向不同，蜗杆有左旋和右旋之分。像螺纹一样，我们可用右手定则来判定蜗杆的旋向，如图 1-60 所示。在蜗杆传动中，蜗轮蜗杆的旋向是一致的，即同为左旋或同为右旋。

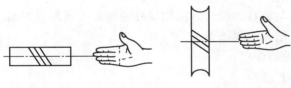

（a）右旋蜗杆　　　　　　（b）右旋蜗轮

图 1-60　蜗杆的旋向

（2）蜗杆的线数

根据线数（z_1）不同，蜗杆有单线（单头）、多线（多头）之分（通常蜗杆线数 $z_1 = 1 \sim 4$）。

二、蜗杆传动的传动比和特点

1．蜗杆传动的传动比

蜗杆传动的传动比是主动蜗杆的转速与从动蜗轮的转速的比值，也等于蜗杆线数与蜗轮齿数的反比。即

$$i = \frac{n_1}{n_2} = \frac{z_2}{z_1}$$

式中，n_1——主动蜗杆的转速（r/min）；

　　　n_2——从动蜗轮的转速（r/min）；

　　　z_1——主动蜗杆的线数；

　　　z_2——从动蜗轮的齿数。

2．蜗杆传动的应用特点

蜗杆传动广泛应用在机床、汽车、仪器、起重运输机械、冶金机械及其他机器或设备中。它的主要应用特点如下。

（1）单级传动比大，结构紧凑

由于蜗杆的线数 z_1 通常较小（常取单头或双头），在动力传动中，一般单级取 $i = 10 \sim 80$；

在分度机构中可达 $i=600\sim1000$。与齿轮传动相比，其结构更紧凑。

（2）传动平稳，噪声小

蜗杆的齿为连续不断的螺旋面，传动时与蜗轮间的啮合是逐渐进入和退出的，同时啮合的齿数较多，因此，蜗杆传动比齿轮传动平稳，没有冲击，噪声小。

（3）承载能力大

蜗杆与蜗轮啮合时呈线接触，且同时进入啮合的齿数多，所以承载能力大。

（4）可以实现反行程自锁

在一定条件下，可以实现反行程自锁，即只能蜗杆驱动蜗轮，而蜗轮不能驱动蜗杆。

（5）传动效率低

由于齿面间滑动速度较大、齿面摩擦严重，故在制造精度和传动比相同的条件下，蜗杆传动的效率比齿轮传动低，一般只有 $0.7\sim0.8$。具有自锁功能的蜗杆机构，效率则一般不大于 0.5。

（6）制造成本高

为了降低摩擦、减小磨损、提高齿面抗胶合能力，蜗轮齿圈常用贵重的铜合金制造，成本较高。

三、蜗轮转向的判定

蜗轮的旋转方向，与蜗杆的旋转方向和蜗杆的螺旋方向都有关系，通常用左（右）手法则来判定。具体判定方法和步骤如下。

1. 判定蜗杆或蜗轮的旋向

2. 判定蜗轮的转动方向

蜗杆右旋时用右手，左旋时用左手。如图 1-61 所示，半握拳，四指弯曲表示蜗杆的回转方向，大拇指伸直代表蜗杆轴线，则蜗轮的转动方向与大拇指指向相反。

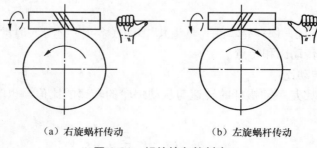

（a）右旋蜗杆传动　　　　　（b）左旋蜗杆传动

图 1-61　蜗轮转向的判定

一、蜗杆传动传动比的计算以及蜗轮转向的判定

图 1-62 所示为一蜗杆减速器中的蜗杆传动，若蜗杆的线数 $z_1=2$，蜗轮的齿数 $z_2=48$，试求其传动比。当蜗杆按图示方向回转时，试画出蜗轮的转向。

解：（1）传动比 $i=\dfrac{n_1}{n_2}=\dfrac{z_2}{z_1}=\dfrac{48}{2}=24$。

（2）判断蜗轮的转向。

① 判断蜗杆的旋向：利用右手定则，可以判断出蜗杆为右旋。

② 判定蜗轮的转向：蜗杆为右旋，因此，用右手法则来判定蜗轮的转向。右手半握拳，四指弯曲表示蜗杆的回转方向，大拇指伸直代表蜗杆轴线。此时，大拇指向右指，那么蜗轮的转向与之相反，即啮合点处蜗轮向左运动，蜗轮逆时针转动，如图 1-63 所示。

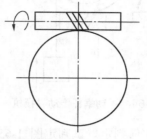
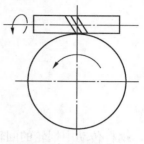

图 1-62　蜗杆减速器中的蜗杆传动　　　　　图 1-63　蜗轮转向

任务学习评价

一、自我评价、小组评价及教师评价

评价项目	评价内容	分值	自我评价	小组评价	教师评价	得分
基本知识	蜗杆传动的组成和类型	20				
	蜗杆的类型	10				
	蜗杆传动的特点	10				
基本技能	蜗杆传动传动比的计算	30				
	蜗杆传动中蜗轮转向的判定	30				

二、个人学习总结

成功之处	
不足之处	
改进方法	

三、习题和思考题

1. 什么是蜗杆传动？它有哪几种类型？

2. 蜗杆传动有什么特点？

3. 图 1-64 所示为手动蜗杆传动卷扬机示意图。已知蜗杆的线数 $z_1=1$，蜗轮的齿数 $z_2=40$，蜗杆的转速 $n_1=40r/min$ 及回转方向。试求传动比 i，蜗轮的转速 n_2。

4. 一蜗杆传动，已知蜗杆线数 $z_1=2$，蜗杆转速 $n_1=980r/min$，蜗轮齿数 $z_2=70$。求蜗杆传动的传动比 i 及蜗轮的转速 n_2。

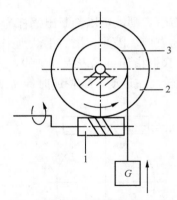

图 1-64　手动蜗杆传动卷扬机

5. 蜗杆传动中蜗轮的回转方向如何判定？试判定图 1-65 所示蜗杆传动中蜗轮、蜗杆的回转方向或螺旋方向。

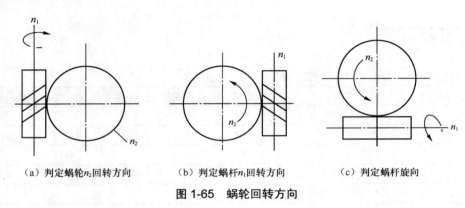

（a）判定蜗轮n_2回转方向　　　（b）判定蜗杆n_1回转方向　　　（c）判定蜗杆旋向

图 1-65　蜗轮回转方向

任务八　拆装联轴器

📝 **任务学习目标**

学　习　目　标	学时
① 掌握联轴器的功用、类型和特点 ② 了解联轴器的结构 ③ 掌握用联轴器连接齿轮减速器和电动机的安装方法	

🎥 **任务情境创设**

我们已经知道，减速器是原动机和工作机械之间的传动装置（如图 1-66 所示），那么减速器是怎么和原动机、工作机械连接在一起的呢？从理论上说，带传动、链传动等都可以实现这种连接，但为了结构紧凑、提高效率等目的，通常采用联轴器实现原动机和减速器的连接。联轴器是什么样的部件？怎么拆卸和安装联轴器？

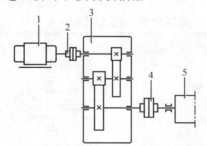

1—电动机；2、4—联轴器；3—减速器；5—工作机械

图 1-66　减速器

联轴器主要用于轴与轴之间的连接，使它们一起回转并传递转矩。用联轴器连接的两根轴，只有在机器停车后，经过拆卸才能把它们分离。这一点和离合器有所不同，用离合器连接的两根轴，在机器工作中就能方便地使它们分离或接合。

联轴器连接的两轴分别属于不同的部件，由于制造和安装误差以及承载后轴的变形等因素，两轴常会出现相对位移或偏移，如图 1-67 所示。这就要求联轴器在结构上应具有补偿一定范围偏移量的能力。另外，有些联轴器常在振动、冲击的环境下工作，因此，联轴器的类型要适应不同工作场合。

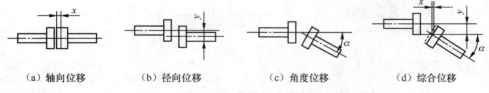

（a）轴向位移　　　　　（b）径向位移　　　　　（c）角度位移　　　　　（d）综合位移

图 1-67　两轴间的偏移

联轴器大都已标准化了，一般可先依据机器的工作条件选定合适的类型，然后按照转矩、转速和轴径从标准中选择所需的型号和尺寸。机械式联轴器按结构和功用的不同分为刚性联轴器、挠性联轴器和安全联轴器 3 大类。

一、刚性联轴器

刚性联轴器不具有补偿被连两轴轴线相对偏移的能力，也不具有缓冲减震性能；但它结构简单，价格便宜。在载荷平稳、转速稳定、能保证被连两轴轴线相对偏移极小的情况下，应优先选用刚性联轴器。常用的刚性联轴器有凸缘联轴器和套筒联轴器，其结构特点见表1-22。

二、挠性联轴器

挠性联轴器具有一定的补偿被连两轴轴线相对偏移的能力，又分为无弹性元件挠性联轴器和弹性元件挠性联轴器两类。

1. 无弹性元件挠性联轴器

常用的无弹性元件挠性联轴器有十字滑块联轴器、万向联轴器和齿式联轴器，其结构特点见表 1-23。

表 1-22　　　　　　　　　　常用刚性联轴器的结构特点

种类	图　　示	结　构　特　点
凸缘联轴器		利用两个半联轴器上的凸肩与凹槽相嵌合而对中。结构简单、价格便宜，应用较普遍
		靠铰制孔用螺栓与孔的配合来对中，可传递较大的转矩，装拆时轴不需要作轴向移动
套筒联轴器		结构简单、对中性好，且径向尺寸较小；销连接的结构传递动力不大，可起过载保护作用

表 1-23　　　　　　　　常用无弹性元件挠性联轴器的结构特点

种　类	图　　示	结　构　特　点
十字滑块联轴器		由两个在端面上开有凹槽的半联轴器和一个两端面均带有凸牙的中间滑块组成，中间滑块两端面的凸牙位于互相垂直的两个直径方向上，在安装时分别嵌入左、右半联轴器的凹槽中。因为凸牙可在凹槽中滑动，故可补偿安装及运转时两轴间的相对位移和偏斜 适用于径向位移较大、转速较低、无剧烈冲击的场合
万向联轴器	十字头　　叉形接头　十字轴式万向联轴器　双十字轴式万向联轴器	十字轴式万向联轴器利用中间连接件（十字头）连接两边的半联轴器（叉形接头），适用于两相交轴间的传动，两轴线间夹角可达 40°～45°，但两轴转速不同 要求主、从动轴同步转动时，应选用两个十字轴式万向联轴器组成的双十字轴式万向联轴器，使两次角速度变动的影响相互抵消，从而使主、从动轴同步转动

续表

种　类	图　示	结构特点
齿式联轴器	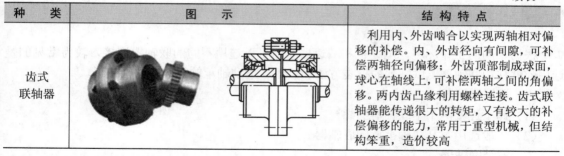	利用内、外齿啮合以实现两轴相对偏移的补偿。内、外齿径向有间隙，可补偿两轴径向偏移；外齿顶部制成球面，球心在轴线上，可补偿两轴之间的角偏移。两内齿凸缘利用螺栓连接。齿式联轴器能传递很大的转矩，又有较大的补偿偏移的能力，常用于重型机械，但结构笨重，造价较高

2. 弹性元件挠性联轴器

弹性元件挠性联轴器利用弹性元件的弹性变形来补偿两轴相对偏移，同时能缓和冲击和吸收振动。弹性联轴器有弹性套柱销联轴器和弹性柱销联轴器等，其结构特点见表1-24。

表1-24　　　　　　　　　　弹性元件挠性联轴器的结构特点

种　类	图　示	结构特点
弹性套柱销联轴器	弹性套　柱销	结构与凸缘联轴器相似，只是用带有橡胶弹性套的柱销代替了连接螺栓。利用橡胶弹性套的变形来补偿两轴的偏移和缓冲、吸振。其结构简单，装拆方便，成本较低，但弹性套易磨损，寿命短 适用于轻载、中高速、启动频繁或经常变换转向的场合
弹性柱销联轴器	弹性柱销	利用具有弹性的非金属（如尼龙）柱销作为中间连接件，将两半联轴器连接在一起，在两端配置有挡板以防止柱销滑出。结构简单，柱销更换方便，但对两轴偏移的补偿量较小

三、安全联轴器

具有过载安全保护作用的联轴器叫做安全联轴器。在过载时，这种联轴器会被切断（两个半联轴器被分离），防止机器中的其他薄弱环节或重要零部件受到损坏。常用的安全联轴器是剪销式安全联轴器，其结构如图1-68所示。它的传力件是细小的销钉，销钉装在两段钢套中，正常工作时，销钉强度足够；过载时，销钉首先被切断，以保证轴的安全。销钉式安全联轴器用于偶发性过载。

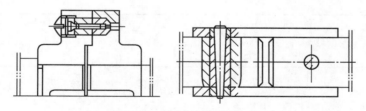

图1-68　销钉式安全联轴器

根据不同的工作环境，电动机和减速器之间可以选用不同的联轴器连接，较为常见的是选用弹性柱销联轴器。联轴器的拆装方法和齿轮、滚动轴承的拆装方法很接近。

一、拆卸联轴器

（1）卸下连接两个半联轴器的螺栓。

（2）一般选用拉马从轴上拆卸联轴器。

二、安装联轴器

安装联轴器的方法和安装齿轮的方法相同，但要注意以下问题。一是要"找正"，即应使联轴器连接的两轴（电动机轴、减速器轴）对中，使其位置符合技术要求。二是要按弹性柱销联轴器上的标记组装。对于应用在高速旋转联轴器械上的弹性柱销联轴器，一般在联轴器厂都做过动平衡试验，动平衡试验合格后画上各部件之间互相配合方位的标记。在装配时必须按弹性柱销联轴器上给定的标记组装。如果不按标记任意组装，可能发生由于联轴器的动平衡不好引起振动的现象。三是连接螺栓的重量应基本一致，以保证机器运转平稳。四要保证安全。安全的联轴器必须无凸出的不平整部分，螺栓头及螺母均应埋头在联轴器内，或者设计时使联轴器外径边缘大于螺栓紧固尺寸。总之联轴器在转动中，有可能发生危险的部位，都必须有挡板罩盖等防护措施。

任务学习评价

一、自我评价、小组评价及教师评价

评价项目	评价内容	分值	自我评价	小组评价	教师评价	得分
基本知识	联轴器的功用	10				
	联轴器的类型	20				
	各联轴器的结构	20				
	各联轴器的特点	20				
基本技能	联轴器的拆卸	15				
	联轴器的安装	15				

二、个人学习总结

成功之处	
不足之处	
改进方法	

三、习题和思考题

1．联轴器的功用是什么？它有哪几类？

2．刚性联轴器和挠性联轴器的区别是什么？各适用于哪些工作条件？

3．挠性联轴器有哪几类？

4．安全联轴器的功用有哪些？

项目二　铣床主轴传动系统

铣床是用铣刀对工件进行切削加工的机床。图 2-1 所示为 X6132 型万能升降台铣床。在铣床上可以加工平面（水平面、垂直面）、沟槽（键槽、T 形槽、燕尾槽等）、多齿零件的齿槽（齿轮、链轮、棘轮、花键轴等）、螺旋形表面及各种曲面。在进行铣削加工时，需要根据不同的加工条件对主轴的回转速度（主运动速度）进行调整。在铣床上，这项工作是由主轴传动系统来完成的。

在本项目中，我们首先认识像铣床主轴传动系统这样的齿轮传动机构——轮系，然后分析铣床主轴传动系统的变速和换向机构。

1—主轴变速传动机构；2—床身；3—横梁；
4—主轴；5—挂架；6—工作台；7—横向溜板；
8—升降台；9—进给变速机构；10—底座

图 2-1　X6132 型万能升降台铣床

任务一　认 识 轮 系

任务学习目标

学 习 目 标	学时
① 了解轮系的类型 ② 理解轮系的应用 ③ 掌握定轴轮系中各轮转向的判定方法 ④ 掌握定轴轮系传动比的计算 ⑤ 掌握定轴轮系中各轮转速的计算	4

任务情境创设

铣床主轴传动系统由电动机经一个多级变速箱（主轴变速机构）带动主轴运动。电动机转速是恒定的，经变速箱变速后使主轴能有多种转速（如图 2-2 所示）。在本任务中，我们来认识轮系，掌握轮系的传动比和各轮转速的计算，以及各轮转向的判断。

 基本知识

图 2-2 所示 X6132 型万能升降台铣床主轴转速分为 18 级，范围为 30～1500r/min，像这

样依靠一对齿轮传动是远远不够的，需要多对（或多级）齿轮传动来完成人们所预期的功用要求和工作目的，为此就有必要采用轮系。

一、轮系概述

由两个互相啮合的齿轮所组成的齿轮机构是齿轮传动中最简单的形式。在机械传动中，往往采用一系列相互啮合的齿轮，将主动轴和从动轴连接起来组成齿轮传动系统。这种由一系列相互啮合的齿轮组成的传动系统称为轮系。

1．轮系的分类

轮系的形式有很多，按照轮系传动时各齿轮的轴线位置是否固定分为定轴轮系和周转轮系，见表 2-1。

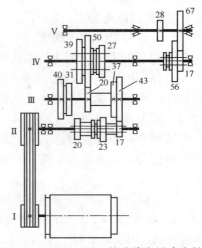

图 2-2　X6132 型万能升降台铣床主轴
传动系统

表 2-1　　　　　　　　　　　　　　　　　轮系的分类

类　别	说　明	运动结构简图
定轴轮系	当轮系运转时，所有齿轮的几何轴线相对机架都是固定不变的，也称为普通轮系（本任务重点介绍）	
周转轮系	当轮系运转时，至少有一个齿轮的几何轴线相对机架的位置不固定，而是绕另一个齿轮的固定轴线回转	

2．齿轮在轴上的固定方式

表 2-2　　　　　　　　　　　　　　　　齿轮在轴上的 3 种固定方式

齿轮与轴之间的关系	结　构　简　图	
齿轮与轴之间固定（齿轮与轴固定为一体，齿轮与轴一同转动，齿轮不能轴向移动）	单一齿轮与轴固定	双联齿轮与轴固定
齿轮与轴之间空套（齿轮与轴空套，齿轮与轴各自转动，互不影响）	单一齿轮与轴空套	双联齿轮与轴空套
齿轮与轴之间滑移（齿轮与轴周向固定，齿轮与轴一同转动，但齿轮可轴向移动）	单一齿轮与轴进行轴向滑移	双联齿轮与轴进行轴向滑移

3．轮系的应用特点

（1）可获得很大的传动比

当两轴之间需要较大的传动比时，如果仅由一对齿轮啮合传动，则大小齿轮的齿数相差很大，会使小齿轮极易磨损。若采用轮系就可以克服上述缺点，可获得很大的传动比，而且结构紧凑，满足低速工作的要求，如航空发动机的减速器。

（2）可做较远距离的传动

当两轴中心距较大时，若用一对齿轮传动，齿轮尺寸必然很大，导致传动机构庞大。而采用轮系传动，可使结构紧凑，缩小传动装置的空间，节省材料，减小设备的重量，如图 2-3 所示。

（3）可以方便地实现变速和变向要求

在金属切削机床、汽车等机械设备中，经过轮系传动中的滑移齿轮的移动，可以使输出轴获得多级转速，以满足不同工作的要求。如图 2-4 所示，齿轮 1、2 是双联滑移齿轮，可以在轴 I 上滑移。当齿轮 1 和齿轮 3 啮合时，轴 II 获得一种转速；当滑移齿轮右移，使齿轮 2 和齿轮 4 啮合时，轴 II 获得另一种转速（齿轮 1、3 和齿轮 2、4 传动比不同）。

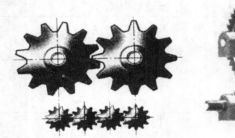

图 2-3　在中心距较大的两轴之间传动 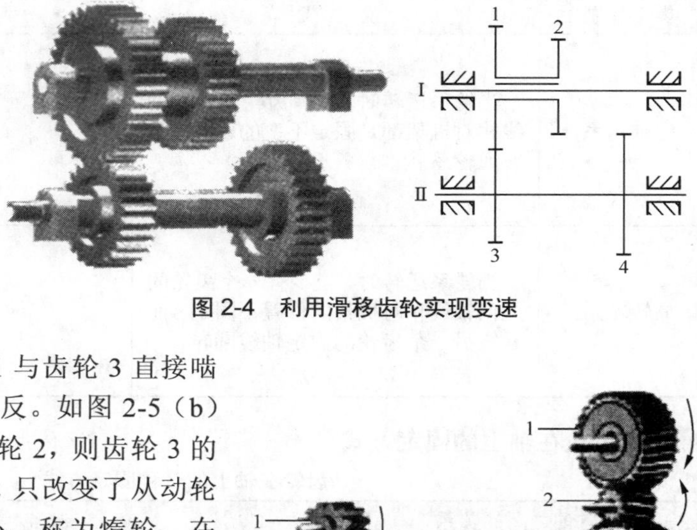　　　　图 2-4　利用滑移齿轮实现变速

如图 2-5（a）所示，当齿轮 1 与齿轮 3 直接啮合时，齿轮 3 和齿轮 1 的转向相反。如图 2-5（b）所示，若在两轮之间增加一个齿轮 2，则齿轮 3 的转向和齿轮 1 相同。中间齿轮 2 只改变了从动轮的转向，而不影响传动比的大小，称为惰轮。在轮系中，往往利用惰轮来改变从动轴的回转方向，实现正、反转。

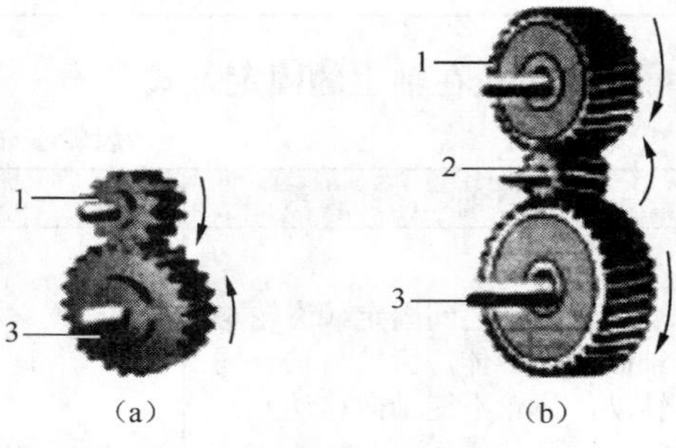

（4）可实现运动的合成或分解

采用周转轮系，可以将两个独立的运动合成为一个运动，或将一个运动分解为两个独立的运动，如汽车的传动轴。

（a）　　　　　　（b）

图 2-5　利用惰轮改变从动轴的转向

二、定轴轮系中各轮转向的判定

1．一对相啮合齿轮转向的直箭头示意法

直箭头示意法是用直箭头表示齿轮可见侧中点处的圆周运动方向。由于相啮合的一对齿轮在啮合点处的圆周运动方向相同，所以表示它们转动方向的直箭头总是同时指向或同时背离其啮合点，具体表示方法见表 2-3。

表 2-3　　　　　　　　　　　　　　一对齿轮传动转向的表达

图　　例	齿 轮 转 向
圆柱齿轮啮合传动 外啮合	转向用箭头表示，主、从动齿轮转向相反时，两箭头指向相反
 内啮合	主、从动齿轮转向相同时，两箭头指向相同
锥齿轮啮合传动 	两箭头同时指向或同时背离啮合点
蜗杆啮合传动 	两箭头指向按蜗杆传动中的规定标注

2．用直箭头表示定轴轮系中各齿轮的转向

图 2-6 所示为一带蜗杆传动的定轴轮系，图中用直箭头标明了各轮的转向。

三、定轴轮系传动比的计算

定轴轮系的传动比即轮系中首末两轮的转速之比，用符号 i_{1k} 表示，其表达式为 $i_{1k} = \dfrac{n_1}{n_k}$。

图 2-7 所示为一定轴轮系，齿轮 1 为首端主动轮，转速为 n_1，齿轮 5 为末端从动轮，转速为 n_5。轮系中各对齿轮的传动比分别为 $i_{12} = \dfrac{n_1}{n_2} = \dfrac{z_2}{z_1}$，$i_{2'3} = \dfrac{n_{2'}}{n_3} = \dfrac{z_3}{z_{2'}}$，$i_{3'4} = \dfrac{n_{3'}}{n_4} = \dfrac{z_4}{z_{3'}}$，

$i_{45} = \dfrac{n_4}{n_5} = \dfrac{z_5}{z_4}$；该轮系的传动比 i_{15} 的表达式为：

$$i_{15} = \frac{n_1}{n_5} = i_{12}i_{2'3}i_{3'4}i_{45} = \frac{z_2}{z_1} \cdot \frac{z_3}{z_{2'}} \cdot \frac{z_4}{z_{3'}} \cdot \frac{z_5}{z_4} = \frac{z_2 z_3 z_5}{z_1 z_{2'} z_{3'}}$$

由上可知，定轴轮系的传动比等于组成轮系的各对齿轮传动比的连乘积，其大小等于所

有从动轮齿数的连乘积与所有主动轮齿数的连乘积之比；同时可以看出，轮系传动比的大小与其中惰轮（齿轮4）的齿数无关。

即，定轴轮系的传动比 i_{1k} 为：

$$i_{1k} = \frac{n_1}{n_2} = \frac{\text{所有从动轮齿数的连乘积}}{\text{所有主动轮齿数的连乘积}}$$

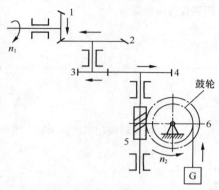

图 2-6　用直箭头表示定轴轮系中各齿轮的转向

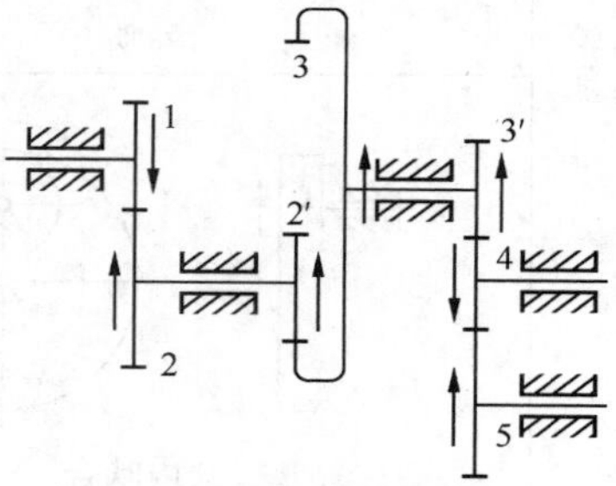

图 2-7　定轴轮系简图

【例题】如图 2-8 所示轮系，已知各齿轮齿数分别为 $z_1 = 22$，$z_2 = 26$，$z_3 = 44$，$z_4 = 22$，$z_5 = 77$，$z_6 = 33$，$z_7 = 66$，$z_8 = 30$，$z_9 = 45$。首端主动轮 n_1 的转向在图中已标出。试求该轮系的传动比 i_{19} 并判断齿轮 9 的转向。

分析：图示轮系中共有 5 对齿轮，齿轮 1、4、6、8 为主动齿轮，齿轮 3、5、7、9 为从动齿轮，齿轮 2 为惰轮。

解：该轮系的传动比

$$i_{19} = \frac{\text{所有从动齿轮齿数的连乘积}}{\text{所有主动齿轮齿数的连乘积}}$$

$$= \frac{z_3 z_5 z_7 z_9}{z_1 z_4 z_6 z_8} = \frac{44 \times 77 \times 66 \times 45}{22 \times 22 \times 33 \times 30} = 21$$

齿轮 9 的转向可以用直箭头标出，如图 2-9 所示。

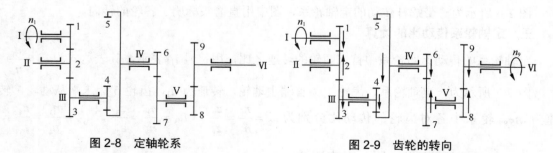

图 2-8　定轴轮系

图 2-9　齿轮的转向

四、定轴轮系中各轮转速的计算

因为定轴轮系的传动比 i_{1k} 为 $i_{1k} = \dfrac{n_1}{n_2} = \dfrac{\text{所有从动轮齿数的连乘积}}{\text{所有主动轮齿数的连乘积}}$，若已知首端主动轮的转速 n_1 和各轮齿数，则第 k 个齿轮的转速

$$n_k = \frac{n_1}{i_{1k}} = n_1 \frac{\text{所有主动轮齿数的连乘积}}{\text{所有从动轮齿数的连乘积}}$$

在上式中，我们也可以把第 k 个齿轮当做轮系中间的任意一个齿轮，即把第 1 个齿轮到第 k 个齿轮当做一个轮系来分析，这样就可以计算出轮系任意一个齿轮的转速。

【例题】如图 2-10 所示，已知 $z_1=26$，$z_2=51$，$z_3=42$，$z_4=29$，$z_5=49$，$z_6=36$，$z_7=56$，$z_8=43$，$z_9=30$，$z_{10}=90$，轴 I 的转速 $n_1=200\text{r/min}$。试求当轴III上的三联齿轮分别与轴 II 上的 3 个齿轮啮合时，轴IV的 3 种转速。

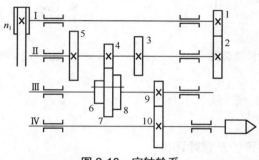

图 2-10　定轴轮系

分析： 该变速机构的传动路线为：

$$\text{I}(n_1) \xrightarrow{\frac{z_1}{z_2}} \text{II} \rightarrow \begin{cases} \frac{z_5}{z_6} \\[4pt] \frac{z_4}{z_7} \\[4pt] \frac{z_3}{z_8} \end{cases} \rightarrow \text{III} \xrightarrow{\frac{z_9}{z_{10}}} \text{I}_{\text{IV}} \rightarrow n_{\text{IV}}$$

解：（1）当齿轮 5 与齿轮 6 啮合时：$n_{\text{IV}} = n_1 \dfrac{z_1 z_5 z_9}{z_2 z_6 z_{10}} = 200 \times \dfrac{26 \times 49 \times 30}{51 \times 36 \times 90} \approx 46.26\text{r/min}$

（2）当齿轮 4 与齿轮 7 啮合时：$n_{\text{IV}} = n_1 \dfrac{z_1 z_4 z_9}{z_2 z_7 z_{10}} = 200 \times \dfrac{26 \times 29 \times 30}{51 \times 56 \times 90} \approx 17.60\text{r/min}$

（3）当齿轮 3 与齿轮 8 啮合时：$n_{\text{IV}} = n_1 \dfrac{z_1 z_3 z_9}{z_2 z_8 z_{10}} = 200 \times \dfrac{26 \times 42 \times 30}{51 \times 43 \times 90} \approx 33.20\text{r/min}$

一、判定定轴轮系中各轮的转向

定轴轮系中各齿轮轴线互相平行时，确定各齿轮转向的方法可用画箭头的方法来确定，其末轮的转向还可以通过数外啮合齿轮的对数来确定，若外啮合齿轮的对数是偶数，则首轮与末轮的转向相同；若是奇数，则转向相反。图 2-11 所示齿轮传动装置中共有两对外啮合齿轮，故首末轮转向相同。

上述标注箭头法确定各齿轮转向的方法适用于任何轮系（如图 2-12 所示），尤其是轮系中含有圆锥齿轮、蜗轮蜗杆、齿轮齿条的，只能用画箭头的方法表示。

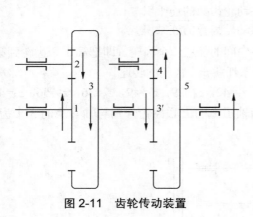

图 2-11 齿轮传动装置

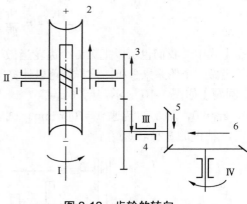

图 2-12 齿轮的转向

1 2 3 任务学习评价

一、自我评价、小组评价及教师评价

评价项目	评价内容	分值	自我评价	小组评价	教师评价	得分
基本知识	了解轮系的类型	10				
	理解轮系的应用	10				
	掌握定轴轮系中各轮转向的判定方法	15				
	掌握定轴轮系传动比的计算	15				
	掌握定轴轮系中各轮转速的计算	20				
基本技能	判定定轴轮系中各轮的转向	30				

二、个人学习总结

成功之处	
不足之处	
改进方法	

三、习题和思考题

1. 简述轮系的概念及分类。

2. 轮系的应用特点有哪些?

3. 定轴轮系中各轮转向如何判断?

4. 图 2-13 所示为多刀半自动车床主轴箱的传动系统。已知带轮直径 $D_1 = D_2 = 180mm$,各

齿轮齿数分别为 $z_1=45$，$z_2=72$，$z_3=36$，$z_4=81$，$z_5=59$，$z_6=54$，$z_7=25$，$z_8=88$，当电动机转速 $n_1=1440\text{r/min}$ 时，试求主轴Ⅲ的各级转速。

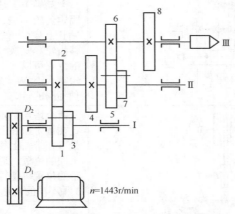

图 2-13　多刀半自动车床主轴箱的传动系统

任务二　分析铣床主轴传动系统

任务学习目标

学 习 目 标	学时
① 了解有级变速机构的类型、工作原理和特点	
② 了解无级变速机构的类型、工作原理和特点	4
③ 了解常见换向机构的类型、工作原理	

任务情境创设

图 2-2 所示的 X6132 型万能升降台铣床的主轴转速有 18 种，机床工作台上有纵向、横向、垂直 3 个方向上的进给运动，并可手动调整。这就需要用到变速机构和换向机构。

基本知识

在输入轴转速不变的条件下，使输出轴获得不同转速的传动装置称为变速机构；在输入轴转向不变的条件下，使输出轴获得不同转向的传动装置称为换向机构。像铣床、汽车、起重机等机械都需要变速机构和换向机构。

变速机构分为有级变速机构和无级变速机构。

一、有级变速机构

有级变速机构是在输入转速不变的条件下，使输出轴获得数量一定的转速级数，可以实现在一定转速范围内的分级变速。常用的有级变速机构有滑移齿轮变速机构、塔轮变速机构、塔齿轮变速机构、倍增速变速机构和拉键变速机构，其工作原理和特点见表 2-4。

表 2-4　　　　　　　　　　　有级变速机构的工作原理和特点

类型	简　图	工作原理	工作特点
滑移齿轮变速机构		主动轴Ⅰ上装有3个固定齿轮1、2、3，从动轴Ⅱ上装有一个三联滑移齿轮。变换滑移齿轮的位置可以使不同的齿轮啮合，使从动轴获得3种不同的转速	具有变速方便、结构紧凑、传动效率高的优点。但是，这种变速器中不能有斜齿轮
塔轮变速机构		两个塔形带轮分别固定在轴Ⅰ、Ⅱ上，传动带可在带轮上移换3个不同的位置。通过移换带的位置可使轴Ⅱ获得3种不同的转速	多采用平带传动，也可用V带传动（如台式小型钻床）。传动平稳，结构简单，但尺寸较大，变速不方便
塔齿轮变速机构	 1—主动轴；2—导向键；3—中间齿轮支架；4—中间齿轮；5—拨叉；6—滑移齿轮；7—塔齿轮；8—从动轴；9、10—离合器；11—丝杠；12—光杠齿轮；13—光杠	在从动轴上8个排成塔形的固定齿轮组成塔齿轮，主动轴上的滑移齿轮和拨叉沿导向键可在轴上滑动，并通过中间齿轮可与塔齿轮中任意一个齿轮啮合，从而将主动轴的运动传递给从动轴	由塔齿轮的齿数实现传动比成等差数列的变速机构。应用于车床进给箱等
倍增速变速机构	 Ⅰ—输入轴　　Ⅲ—输出轴	轴Ⅰ上装有一个双联滑移齿轮，轴Ⅱ上装有3个固定齿轮，轴Ⅲ上装有两个双联滑移齿轮。可以得到1/8、1/4、1/2、1四种传动比	传动比成倍数关系排列
拉键变速机构	 1—弹簧键；2—从动套筒轴；3—主动轴；4—手柄轴	有4个齿轮固定在主动轴3上，另4个齿轮空套在从动套筒轴2上，依靠轴2上装的拉键沿轴向移动得到不同的位置时，可使相应的齿轮传递载荷，从而变换轴2、3间的传动比，使轴2得到不同的转速	结构紧凑，但拉键的强度、刚度较低，不能传递较大的转矩

二、无级变速机构

机械式无级变速机构主要依靠摩擦轮（或摩擦盘、球、环等）传动原理，通过改变主动件和从动件的传动半径，使输出轴的转速在一定范围内无级地变化。它具有结构简单、运转平稳、易于平缓连续地变速，能更好地适应各种机械的工况要求等优点。其缺点是：承受过载和冲击的能力较差，且不能满足严格的传动比要求。

常见机械式无级变速机构的工作原理及特点见表 2-5。

表 2-5　　　　　　　　　　　机械式无级变速机构的工作原理及特点

类型	简　图	工　作　原　理	特　点
皮带轮式		在主动轴 I 和从动轴 II 上分别装有锥轮 $1a$、$1b$ 和 $2a$、$2b$，其中锥轮 $1b$ 和 $2a$ 分别固定在轴 I 和轴 II 上，锥轮 $1a$ 和 $2b$ 可以沿轴 I、II 同步移动。宽 V 带 3 套在两对锥轮之间，工作时如同 V 带传动，传动比 $i=r_2/r_1$。通过轴向同步移动锥轮 $1a$ 和 $2b$，可改变传动半径 r_1 和 r_2，从而实现无级变速	两平行轴间传动
滚轮平盘式	1—滚轮；2—平盘；3—压紧弹簧	主动滚轮 1 与从动平盘 2 用弹簧 3 压紧，工作时靠接触处产生的摩擦力传动，传动比 $i=r_2/r_1$。当操作滚轮 1 作轴向移动，即可改变 r_2，从而实现无级变速	相交轴，升、降速型，可逆转。结构简单，制造方便。但存在较大的相对滑动，磨损严重
锥轮端面盘式	1—锥轮；2—端面盘；3—弹簧；4—齿条；5—齿轮；6—支架；7—链条；8—电动机	锥轮 1 装在倾斜安装的电动机的轴上。端面盘 2 安装在底板支架 6 上，弹簧 3 的作用力使其与锥轮的锥面紧贴。转动齿轮 5 使固定在底板上的齿条 4 连同支架移动时可改变锥轮与端面盘的接触半径 R_1 和 R_2，从而获得不同的传动比，实现无级变速	平行轴或相交轴，传动平稳、噪声低、结构紧凑、变速范围大

三、换向机构

机械在使用过程中，除了变速外，有时还要实现换向的要求，常见机械式换向机构的类型见表 2-6。

表 2-6　　　　　　　　　　　常见换向机构类型

类型	简　图	工　作　特　点
三星轮换向机构	(a)　　　　(b) 1—主动齿轮；2、3—惰轮；4—从动齿轮	三星轮换向机构是利用惰轮来实现从动轮回转方向变换的。转动手柄 A 使三角形杠杆架绕从动齿轮 4 轴线回转，在图（a）位置时，惰轮 3 参与啮合，从动齿轮 4 与主动齿轮 1 回转方向相同。在图（b）位置时，惰轮 2、3 参与啮合，从动齿轮 4 与主动齿轮 1 回转方向相反

续表

类　型	简　图	工 作 特 点
滑移齿轮变向机构		当齿轮 z_1 的转动通过中间齿轮 z 带动齿轮 z_2 转动时，则齿轮 z_1 和 z_2 的旋转方向相同。若将双联齿轮 z_1 和 z_3 向右移动时，使齿轮 z_1 与中间齿轮 z 脱开啮合，齿轮 z_3 和 z_4 进入啮合，因为少了一个中间齿轮，所以齿轮 z_3 和 z_4 的旋转方向相反
离合器锥齿轮换向机构	 1—主动锥齿轮；2、4—从动锥齿轮；3—离合器	主动锥齿轮 1 和空套在轴 II 上的从动锥齿轮 2、4 啮合，离合器 3 和轴 II 以花键连接。当离合器向左移动与齿轮 4 啮合时，从动轴的转向和齿轮 4 相同；当离合器向右移动与齿轮 2 啮合时，从动轴的转向和齿轮 2 相同

基本技能

一、分析铣床主轴传动系统的转速级数

图 2-2 所示 X6132 型万能升降台铣床主轴传动系统中，轴 II 上安装有一个三联滑移齿轮，齿数为 20、23、17 分别与轴 III 上齿数为 40、37、43 的固定齿轮啮合，轴 IV 上也装有一个三联滑移齿轮和一个双联滑移齿轮，三联滑移齿轮齿数为 39、50、27 分别与轴 III 上齿数为 31、20、43 的齿轮啮合，双联滑移齿轮齿数为 56、17 分别与轴 V 上齿数为 28、67 的齿轮啮合。根据铣床工作原理可知，电动机转速不变，转速通过轴 II 的三联滑移齿轮后，轴 III 就有了 3 种不同转速，当运动传到轴 IV 时，轴 III 上的每一种转速又有了 3 种不同转速，即变成 9 种不同转速，运动到达轴 V 时又通过一个双联滑移齿轮，即轴 IV 上的每一种转速又变成两种，最终轴 V 上有 18 种转速。

任务学习评价

一、自我评价、小组评价及教师评价

评价项目	评价内容	分值	自我评价	小组评价	教师评价	得分
基本知识	了解有级变速机构的类型、工作原理和特点	20				
	了解无级变速机构的类型、工作原理和特点	20				
	了解常见换向机构的类型、工作原理	20				
基本技能	分析铣床主轴传动系统的转速级数	40				

二、个人学习总结

成功之处	
不足之处	
改进方法	

三、习题和思考题

1．什么是变速机构？变速机构分为哪两类？

2．常用的有级变速机构有哪些？

3．图 2-14 为汽车上常用的三轴四速变速箱传动简图。图中轴Ⅰ为输入轴，轴Ⅲ为输出轴，轴Ⅱ和轴Ⅳ为中间传动轴。x 和 y 为牙嵌离合器的两个半轴。请分析该变速箱的传动路线。

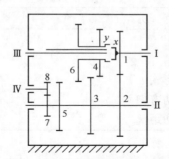

图 2-14　汽车三轴四速变速箱传动简图

4．常用的无级变速机构有哪些？

5．什么是换向机构？常用的换向机构有哪些？

项目三　微调镗刀

在对孔进行精镗时，需选用微调镗刀，如图 3-1 所示。这种镗刀的径向尺寸可以在一定范围内进行微调，调节方便，且精度高，所以可以实现对工件的精密镗削加工。

微调镗刀是利用差动螺旋传动的基本原理实现对加工尺寸精密调节的。在本项目中，我们首先通过任务一学习普通螺旋传动的理论知识，并分析台虎钳的传动；然后通过任务二学习差动螺旋传动的理论知识，了解微调镗刀的结构，并学会调整微调镗刀。

图 3-1　微调镗刀

任务一　分析台虎钳的普通螺旋传动

任务学习目标

学 习 目 标	学时
① 掌握传动螺纹的类型、标记 ② 了解普通螺旋传动的特点 ③ 掌握普通螺旋传动的应用形式 ④ 会判断普通螺旋传动的移动方向 ⑤ 会计算普通螺旋传动的移动距离	2

任务情境创设

图 3-2 所示的设备是钳工常用的台虎钳，螺杆 1 与活动钳口 2 组成转动副，螺母 4 与固定钳口 3 连接；右旋双线螺杆 1 与螺母 4 组成螺旋副。在工作中，活动钳口 2 和固定钳口 3 夹紧与松开工件，就是通过普通螺旋传动来实现的。

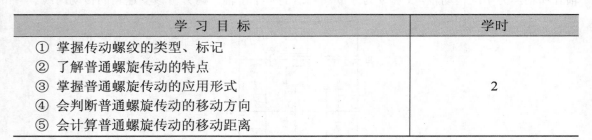

1—螺杆；2—活动钳口；3—固定钳口；4—螺母

图 3-2　台虎钳

当螺杆按图示方向转动时，请确定活动钳口的移动方向；若螺杆回转 3 转，请确定活动钳口的移动距离。

一、传动螺纹

1．常用的传动螺纹

我们已经知道螺纹按用途分为连接螺纹、传动螺纹和专门用途螺纹。传动螺纹就是用于传递运动和动力的螺纹，采用梯形、矩形或锯齿形牙型，其特点和应用见表3-1。

表 3-1　　　　　　　　　　　　　传动螺纹特点与应用

传动螺纹的类型	截 面 牙 型	特 点 与 应 用
梯形螺纹	（牙型角 α=30°）	螺纹牙型为等腰梯形，牙型角 α=30°，是传动螺纹的主要形式，广泛应用于传递动力或运动的螺旋机构中。梯形螺纹牙根强度高，螺旋副对中性好，加工工艺性好，但与矩形螺纹比较，效率略低
锯齿型螺纹	（30° 3°）	工作面的牙侧角为 3°，非工作面的牙侧角为30°。锯齿形螺纹综合了矩形螺纹效率高和梯形螺纹牙根强度高的特点。其外螺纹的牙根有相当大的圆角，以减小应力集中。螺旋副的大径处无间隙，便于对中。锯齿形螺纹广泛应用于单向受力的传动机构中
矩形螺纹		螺纹牙型为正方形，螺纹牙厚等于螺距的 1/2。传动效率高，但对中精度低，牙根强度弱。矩形螺纹精确制造较为困难，螺旋副磨损后的间隙难以补偿或修复。主要用于传力机构中

2．传动螺纹的标记

传动螺纹的标记和连接螺纹有所不同，表3-2中为传动螺纹的标记。

表 3-2　　　　　　　　　　　　　传动螺纹的标记

螺纹类别	梯 形 螺 纹	矩 形 螺 纹	锯 齿 形 螺 纹
特征代号	Tr	—	B
标注示例	Tr24×10（P5）LH—7H Tr—螺纹种类 24—公称直径 10—导程 P5—螺距为 5mm（2 线） LH—左旋螺纹 7H—中径公差带代号	矩形 60×24（P8）-8H 矩形—矩形螺纹 60—公称直径 24—导程 P8—螺距为 8mm（3 线） 8H—中径公差带代号	B40×7LH—9A—L B—锯齿形螺纹 40—公称直径 7—螺距 LH—左旋 9A—内螺纹中径公差带代号 L—长旋合长度
螺旋副	Tr36×6—7H/7e	—	B40×7—9A/9e
附注	① 单线螺纹只标注螺距，多线螺纹同时标注螺距和导程 ② 右旋螺纹不标注旋向代号，当螺纹为左旋时，在尺寸代号后加注"LH" ③ 旋合长度分 N、L 两组。当旋合长度为 N 组时，不标注组别代号 N，当旋合长度为 L 组时，应将组别代号 L 写在公差带代号后面，并用"—"隔开。特殊需要时可用具体旋合长度数值代替组别代号 L ④ 公差带代号只标注中径公差带代号，内螺纹用大写字母，外螺纹用小写字母 ⑤ 内、外螺纹配合的公差带代号中，前面的是内螺纹公差带代号，后面的是外螺纹公差带代号，中间用斜线分开		

二、普通螺旋传动

螺旋传动由螺杆、螺母和机架组成，利用螺旋副将回转运动变为直线运动，同时传递动力。螺旋传动有普通螺旋传动（如图 3-3 所示）、差动螺旋传动和滚珠螺旋传动 3 种传动形式，最常见的是普通螺旋传动。

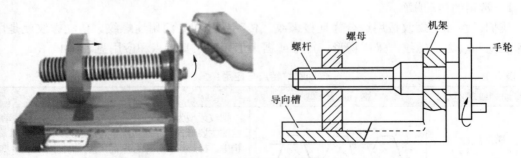

图 3-3　普通螺旋传动

如图 3-3 所示，螺杆的右端与机架组成不能移动的转动副，螺杆的左端螺纹与活动螺母组成螺旋副。转动螺杆右端的手轮，螺杆不能移动；此时螺母不能回转而只能沿机架的导向槽移动。这种用螺杆和螺母组成的简单螺旋副来实现的传动就是普通螺旋传动。

1．普通螺旋传动的特点

螺旋传动可以方便地把主动件的回转运动转变为从动件的直线运动。

与其他将回转运动转变为直线运动的传动装置（如曲柄滑块机构）相比，螺旋传动具有结构简单，工作连续、平稳，承载能力大，传动精度高，在一定条件下可实现逆行自锁等优点，因此广泛应用于各种机械和仪器中。它的缺点是摩擦损失大，传动效率较低。

2．普通螺旋传动的应用形式

普通螺旋传动有 4 种应用形式，见表 3-3。

表 3-3　　　　　　　　　　　普通螺旋传动的应用形式

应用形式		应用实例	工作过程
旋转件既转动又移动	螺母固定不动，螺杆回转并作直线运动	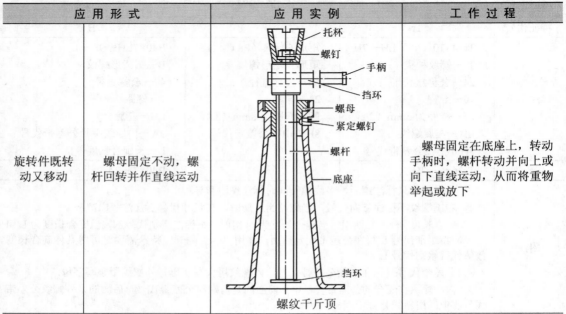 螺纹千斤顶	螺母固定在底座上，转动手柄时，螺杆转动并向上或向下直线运动，从而将重物举起或放下

续表

应用形式		应用实例	工作过程
旋转件既转动又移动	螺杆固定不动，螺母回转并作直线运动	 螺纹千斤顶	螺杆连接于底座固定不动，转动手柄使螺母回转并作上升或下降的直线运动，从而举起或放下托盘
旋转件只转动不移动	螺杆回转，螺母作直线运动	 车床横刀架	转动手柄时，与手柄固接在一起的螺杆（丝杠）便使螺母带动车刀架作横向往复运动，从而在切削过程中实现进刀和退刀
	螺母回转，螺杆作直线运动	 观察镜螺旋调整装置	螺杆、螺母为左旋螺旋副。当螺母按图示方向回转时，螺杆带动观察镜向上移动；螺母反向回转时，螺杆连同观察镜向下移动

3．普通螺旋传动移动件移动方向的判断

普通螺旋传动时，从动件作直线运动的方向不仅与螺纹的回转方向有关，还与螺纹的旋向有关，判断方法和步骤如下。

（1）首先判断螺纹的旋向。

（2）右旋螺纹伸右手，左旋螺纹伸左手，并握空拳；让四指指向与螺杆（螺母）回转方向相同，大拇指竖直。

（3）当旋转件既转动又移动时，大拇指的指向即为旋转件的移动方向；当旋转件只转动不移动时，大拇指的指向的反方向才是移动件的移动方向。

普通螺旋传动直线移动方向的举例见表3-4。

表 3-4　　　　　　　　普通螺旋传动直线移动方向的判断举例

应用形式	应用举例	移动方向判断
旋转件既转动又移动		该机构中，螺杆固定不动，螺母既转动又移动 该螺旋副为右旋螺纹，右旋螺纹用右手判断 右手握空拳，四指指向与螺母回转方向相同，大拇指竖直 大拇指指向即为主动件（螺母）的移动方向，即螺母向上移动

续表

应用形式	应用举例	移动方向判断
旋转件只转动不移动		该机构中，螺杆（丝杠）只转动不移动，螺母移动 该螺旋副为右旋螺纹，右旋螺纹用右手判断 右手握空拳，四指指向与螺杆（丝杠）回转方向相同，大拇指竖直 大拇指指向的相反方向即为从动件螺母的移动方向，即螺母向左移动

4．普通螺旋传动移动件移动距离的计算

普通螺旋传动中，螺杆相对于螺母每回转一圈，螺杆就移动一个导程 P_h 的距离。因此，移动件的移动距离 L 为：

$$L = NP_h$$

式中，N 为旋转件的回转圈数。

基本技能

一、分析台虎钳的普通螺旋传动

根据前述，我们很容易知道，图 3-2 所示的台虎钳中，螺母（固定钳口）固定不动，螺杆（活动钳口）既转动又移动。即台虎钳属于旋转件既转动又移动的普通螺旋传动。

1．确定活动钳口的移动方向

（1）此处螺纹为右旋螺纹，所以用右手判断。

（2）右手握空拳，四指的指向与螺杆回转方向相同，大拇指竖直，如图 3-4 所示。

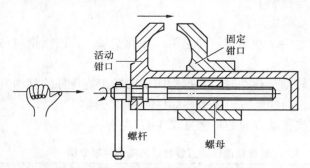

图 3-4　台虎钳螺杆移动方向的判定

（3）大拇指的指向即为主动件螺杆的移动方向，即活动钳口右移，夹紧工件。

2．确定活动钳口的移动距离

螺杆为双线螺纹，若螺距为 5mm，则导程 P_h 为：5×2=10mm。

若螺杆回转 3 转，则活动钳口的移动距离为：

$$L = NP_h = 3 \times 10 = 30\text{mm}$$

任务学习评价

一、自我评价、小组评价及教师评价

评价项目	评价内容	分值	自我评价	小组评价	教师评价	得分
基本知识	传动螺纹的类型、标记	20				
	普通螺旋传动的特点	20				
	普通螺旋传动的应用形式	20				
基本技能	普通螺旋传动移动件移动方向的确定	20				
	普通螺旋传动移动件移动距离的计算	20				

二、个人学习总结

成功之处	
不足之处	
改进方法	

三、习题和思考题

1．什么是螺旋传动？常用的螺旋传动有哪几种？

2．传动螺纹的牙型有哪几种？

3．解释下列螺纹的标记：

Tr20×10（P5）LH—7H；

Tr40×7—8e；

B40×7 LH—9A—L。

4．普通螺旋传动有哪几种基本形式？

5．如图 3-5 所示的机构，螺母固定不动，螺杆在作回转运动的同时并作上下直线移动。分析该机构的工作过程，要求如下。

（1）首先区分出旋转件与移动件。

（2）螺杆如图示方向回转时，判定移动件的移动方向。

（3）若螺杆的螺纹为三线螺纹，螺距为 6mm，计算螺杆的导程 P_h。

（4）若螺杆回转 5 周，确定螺杆的直线移动距离 L。

6．如图 3-6 所示的螺旋传动机构中，螺杆 1 的回转方向如图示，已知其螺纹的旋向为左旋，试判断螺母 2（或螺杆 1）的移动方向。

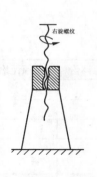

图 3-5　螺旋传动机构

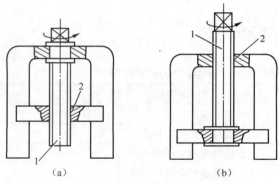

1—螺杆；2—螺母

图 3-6　螺旋传动机构

任务二　调整微调镗刀

任务学习目标

学　习　目　标	学时
① 掌握差动螺旋传动的组成 ② 掌握差动螺旋传动的应用形式和特点 ③ 能够判断差动螺旋传动的移动方向 ④ 能够计算差动螺旋传动的移动距离 ⑤ 理解微调镗刀的工作原理，并会调整微调镗刀	2

任务情境创设

　　微调镗刀是精密镗削内孔时的重要刀具，图 3-7 所示是差动螺旋传动式微调镗刀加工 ϕ 50mm 内孔的工作情况。当我们转动螺杆 1 时，可以使镗刀 4 得到微量移动，这里就应用了差动螺旋传动。在本任务中，我们首先学习差动螺旋传动的理论知识，然后了解微调镗刀的结构，并学会调整微调镗刀。

基本知识

一、差动螺旋传动

　　差动螺旋传动是由两个螺旋副组成的、使活动螺母与螺杆产生差动的螺旋传动。

　　图 3-8 所示为一差动螺旋传动机构。螺杆有两段螺纹，右端的螺纹和机架内孔螺纹组成 a 段螺旋副，左端螺纹和活动螺母组成 b 段螺旋副。机架上的螺母为固定螺母（不能移动），活动螺母不能回转而只能沿机架的导向槽左右移动。

　　假设机架和活动螺母的旋向同为右旋，按图示方向回转螺杆时，螺杆相对机架向左移动，而活动螺母相对螺杆向右移动，这样活动螺母相对机架实现差动移动，螺杆每转 1 转，活动螺母实际移动距离为两段螺纹导程之差。

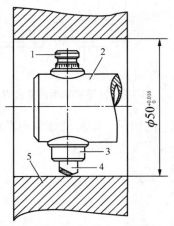

1—螺杆；2—镗杆；3—刀套；4—镗刀；5—工件

图 3-7　差动螺旋传动式微调镗刀加工内孔

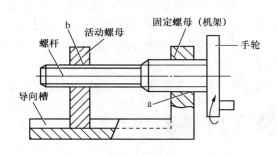

图 3-8　差动螺旋传动

如果机架上螺母螺纹旋向仍为右旋，而活动螺母的螺纹旋向为左旋，那么，按图示方向回转螺杆时，螺杆相对机架左移，活动螺母相对螺杆也左移，螺杆每转 1 转，活动螺母实际移动距离为两段螺纹的导程之和。

二、差动螺旋传动的应用形式

根据两段螺旋副的旋向是否相同，差动螺旋传动有两种应用形式：两段螺旋副旋向相同的差动螺旋传动和两段螺旋副旋向相反的差动螺旋传动。其移动方向的判断、移动距离的计算和应用见表 3-5。

表 3-5　　　　　　　　　　　差动螺旋传动的应用形式

应用形式	移动距离的计算公式	移动方向的确定	特　点	应　用
两段螺旋副旋向相同	$L=N(P_{h1}-P_{h2})$ 式中 L—活动螺母移动距离（mm） N—螺杆的回转圈数 P_{h1}—固定螺母的导程（mm） P_{h2}—活动螺母的导程（mm）	① 如先确定螺杆的移动方向，其判定方法与普通螺旋传动相同 ② 如计算结果为正值时，活动螺母实际移动方向与螺杆移动方向相同 ③ 如计算结果为负值时，活动螺母实际移动方向与螺杆移动方向相反	当差动螺旋传动的两段螺旋副旋向相同时，活动螺母的移动距离减小	可以方便地实现微量调节。它主要用于测微器、计算器、分度机等精密机床、仪器和工具中
两段螺旋副旋向相反	$L=N(P_{h1}+P_{h2})$ 式中 L—活动螺母移动距离（mm） N—螺杆的回转圈数 P_{h1}—固定螺母的导程（mm） P_{h2}—活动螺母的导程（mm）	① 先确定螺杆的移动方向，其判定方法与普通螺旋传动相同 ② 活动螺母实际移动方向与螺杆移动方向相同	当差动螺旋传动的两段螺旋副旋向相反时，活动螺母的移动距离增大	可以产生很大的位移，可以用于需快速移动和调整两构件相对位置的装置中，如连接车辆用的复式螺旋传动，可以使车钩 A 和 B 快速地靠近或分开，如图 3-9 所示

【例题】 在图 3-9 中，固定螺母的导程 $P_{h1}=1.5\text{mm}$，活动螺母的导程 $P_{h2}=2\text{mm}$，螺纹旋向均为左旋。问当螺杆回转 0.5 转时，活动螺母的移动距离是多少？移动方向如何？

解： （1）螺纹旋向为左旋，用左手可以判定螺杆向右移动。

（2）因为两螺纹旋向相同，活动螺母移动距离

$$L = N(P_{h1} - P_{h2}) = 0.5(1.5 - 2) = -0.25\text{mm}$$

图 3-9　连接车辆用的复式螺旋传动

（3）计算结果为负值，活动螺母移动方向与螺杆移动方向相反，即活动螺母向左移动了 0.25mm。

由该例可知，差动螺旋传动可以方便地实现微量调节。

基本技能

一、分析微调镗刀的工作原理

差动螺旋传动式微调镗刀的结构如图 3-10 所示，螺杆 1 左端的外螺纹和刀套的内螺纹组成螺旋副 I，其右端的外螺纹和镗刀的内螺纹组成螺旋副 II，这样就形成了差动螺旋传动。这里，刀套固定在镗杆 2 上，镗刀 4 的刀柄是矩形的，它在刀套中不能回转，只能移动。即刀套是差动螺旋传动中的固定螺母，而镗刀是活动螺母。

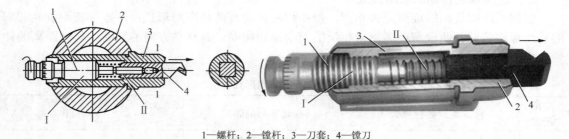

1—螺杆；2—镗杆；3—刀套；4—镗刀

图 3-10　差动螺旋传动式微调镗刀结构及模型

有一微调镗刀，其 I、II 两段螺旋副均为右旋单线式，其螺距分别是 $P_1=1.75\text{mm}$，$P_2=1.5\text{mm}$。（1）当我们按图示方向转动螺杆 1 时，镗刀如何移动？（2）螺杆转动 1 转时，镗刀移动了多少？（3）螺杆圆周共分了 50 格，螺杆每转过 1 格，镗刀的位移是多少？

分析： （1）I、II 两段螺旋副的螺纹均为右旋螺纹，先用右手判断螺杆的移动方向。右手握空拳，四指指向与螺杆回转方向相同，大拇指指向右，而螺杆既转动又移动，所以大拇指指向即为主动件螺杆的移动方向，即螺杆向右移动。镗刀的移动方向再通过计算确定。

（2）因为两螺旋副旋向相同，螺距 $P_{h1}=1.75\text{mm}$，$P_{h2}=1.5\text{mm}$，所以螺杆回转 1 转时螺母（镗刀）的移动距离为：

$$L = N(P_{h1} - P_{h2}) = 1 \times (1.75 - 1.5) = +0.25\text{mm}$$

因为计算结果为正值，所以镗刀的移动方向与螺杆移动方向相同，即螺杆回转 1 转时镗刀向右移动 0.25mm。

（3）螺杆圆周共分 50 格，螺杆每转过 1 格，镗刀的位移为：

$$L = \frac{+0.25}{50} = +0.005\text{mm}$$

即：螺杆每转过 1 格，镗刀仅仅移动 0.005mm，显然该镗刀能方便实现微量移动，以调整镗孔的背吃刀量。

二、调整微调镗刀

我们已经知道，当按图 3-10 所示方向转动螺杆时，螺杆回转 1 转时镗刀向右移动 0.25mm。结合图 3-7 和图 3-10，可以看出，这时加工孔的尺寸变大。反之，当需要减小切削量时，就要按图 3-10 所示的反方向转动螺杆。

为固定镗刀，在微调镗刀上设置有两个紧定螺钉。调整时，先用对刀板或百分表将镗刀刀尖预调至理想尺寸（±0.1mm 范围）内，稍微松开两个紧定螺钉，再转动螺杆进行微调。微调好后，再将两个紧定螺钉拧紧，镗刀即可使用。

任务学习评价

一、自我评价、小组评价及教师评价

评价项目	评价内容	分值	自我评价	小组评价	教师评价	得分
基本知识	差动螺旋传动的组成	10				
	差动螺旋传动的应用形式和特点	20				
基本技能	判断差动螺旋传动的移动方向	15				
	计算差动螺旋传动的移动距离	15				
	分析微调镗刀的工作原理	20				
	调整微调镗刀	20				

二、个人学习总结

成功之处	
不足之处	
改进方法	

三、习题和思考题

1. 什么是差动螺旋传动？

2. 希望利用差动螺旋传动实现微量调节时，对两段螺纹的旋向有什么要求？

3．图 3-11 所示为一差动螺旋传动机构，A 处螺旋副为左旋，导程 P_{ha}=4mm；B 处螺旋副为右旋，导程 P_{hb}=6mm；C 处为移动副。分析该差动螺旋传动机构的工作，完成以下任务。

（1）螺杆按图示方向回转，判定螺杆的移动方向。

（2）当螺杆旋转 5 转时，计算滑块的移动距离 L。

（3）判定活动螺母的移动方向。

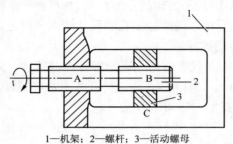

1—机架；2—螺杆；3—活动螺母

图 3-11　差动螺旋传动机构

项目四　空气压缩机

空气压缩机(简称空压机)是气压传动系统的动力部分,它将原动机(通常是电动机)的机械能转换成气体的压力能,给气压传动系统提供压缩空气,如图4-1所示。

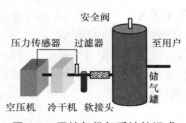

图 4-1　压缩气供气系统的组成

任务一　更换空气压缩机的 V 带

✏️ **任务学习目标**

学 习 目 标	学时
① 掌握带传动的组成、类型、工作原理、特点、传动比 ② 掌握 V 带传动的主要参数、普通 V 带的标记 ③ 理解 V 带传动的安装维护 ④ 了解平带传动 ⑤ 了解带传动的张紧装置	4

🎥 **任务情境创设**

图 4-2 所示为一空气压缩机的实物图,可以看出压缩机是由电动机通过皮带驱动的。当皮带损坏时,应更换皮带。

1—电动机;2—V 带;3—压缩机;4—压力表;5—储气筒

图 4-2　空气压缩机

一、带传动概述

1．带传动的组成

如图 4-3 所示，带传动一般由主动轮 1、从动轮 3 和紧套在两轮上的传动带 2 及机架组成。

2．带传动的类型

在生产应用中，常用的传动带有平型带、V 带（三角带）、圆形带、同步齿形带等，如图 4-4 所示。其中，最常用的是平型带、V 带。

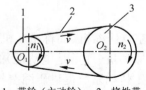

1—带轮（主动轮）；2—挠性带；
3—带轮（从动轮）

图 4-3　带传动示意图

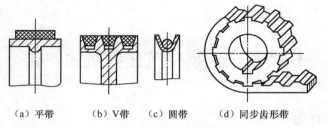

（a）平带　　（b）V带　　（c）圆带　　（d）同步齿形带

图 4-4　带传动的类型

3．带传动的工作原理

根据工作原理不同，带传动分为摩擦型带传动和啮合型带传动。

摩擦型带传动是依靠传动带与带轮间的摩擦力来传递运动和动力的，如 V 带传动、平带传动、圆带传动等；啮合型带传动是依靠带内侧凸齿与带轮外缘上的齿槽相啮合来传递运动和动力的，如同步齿形带传动。

我们一般所说的带传动是指摩擦型带传动。

4．带传动的传动比

假设带与带轮之间没有相对滑动，带传动的传动比表达式为：

$$i_{12} = \frac{n_1}{n_2} = \frac{d_{d2}}{d_{d1}}$$

式中，n_1、n_2 分别为主动轮和从动轮的转速；d_{d1}、d_{d2} 分别为主动轮、从动轮的基准直径。上式表明，带轮的转速与其直径成反比例关系。

5．带传动的应用特点

（1）带传动的优点是：① 适用于中心距较大的传动；② 带具有良好的挠性，传动平稳，噪声小，可缓冲、吸振；③ 过载时，带与带轮间产生打滑，可防止其他零件损坏；④ 结构简单，制造、安装和维护较方便，且成本低廉。

（2）带传动的缺点是：① 传动的外廓尺寸较大；② 需要张紧装置；③ 由于带与带轮之间存在滑动，传动时不能保证准确的传动比，传动效率较低；④ 带的寿命一般较短；⑤ 不宜在高温、易燃和有油和水的场合使用。

通常，带传动用于中小功率电动机与工作机械之间的动力传递，如金属切削机床、输送机械、农业机械、纺织机械、通风机械等。一般传动功率 $P \leqslant 100\text{kW}$，带速 $v = 5 \sim 25\text{m/s}$，平

均传动比 $i \leqslant 7$，传动效率 $\eta = 0.90 \sim 0.97$。

二、V带传动

V带有普通V带、窄V带、宽V带、大楔角V带等多种类型，其中普通V带应用最广，窄V带的使用也日见广泛。

1．普通V带的结构

V带是没有接头的环形带，横截面形状为梯形，两个侧面是工作面。标准V带有帘布结构和线绳结构两种，如图4-5所示。两种V带都由顶胶、抗拉体、底胶、包布4部分组成。帘布结构的V带制造方便，抗拉强度较高，但易伸长、发热和脱层。绳芯结构的V带挠性好、抗弯强度高，但拉伸强度低，适用于载荷不大、转速较高、带轮直径较小的场合。

2．普通V带的标准

（1）普通V带的型号

普通V带的型号是按截面尺寸来分的，普通V带的型截面如图4-6所示。

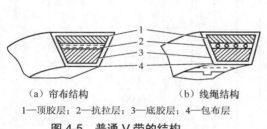

（a）帘布结构 （b）线绳结构

1—顶胶层；2—抗拉层；3—底胶层；4—包布层

图4-5 普通V带的结构

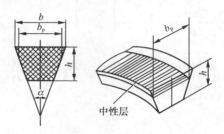

中性层

图4-6 普通V带的横截面

① 楔角 α ——带的两侧面所夹的锐角，标准楔角 α 为 40°。

② 顶宽 b ——V带横截面中梯形轮廓的最大宽度。

③ 节宽 b_p ——V绕在带轮弯曲时，外层受拉伸变长，内层受压缩变短，两层之间存在一长度不变的中性层。中性层面称为节面，节面的宽度称为节宽。

④ 高度 h ——梯形轮廓的高度。

普通V带的截面高度 h 与其节宽 b_p 的比值（称为相对高度）已标准化，为0.7。

普通V带按截面尺寸的不同分为Y、Z、A、B、C、D、E共7种型号，其截面尺寸已标准化，见表4-1。Y型带截面积最小，E型带截面积最大，截面尺寸大则传递的功率就大。

表4-1 普通V带截面尺寸、长度和单位长度质量（摘自 GB/T11544—1997）

截面	Y	Z	A	B	C	D	E
顶宽 b（mm）	6.0	10.0	13.0	17.0	22.0	32.0	38.0
节宽 b_p（mm）	5.3	8.5	11.0	14.0	19.0	27.0	32.0
高度 h（mm）	4.0	6.0	8.0	11.0	14.0	19.0	23.0
楔角（°）	40°						
基准长度 L_d（mm）	200～500	400～1600	630～2800	900～5600	1800～10000	2800～14000	4500～16000
单位长度质量（kg/m）	0.04	0.06	0.10	0.17	0.30	0.60	0.87

（2）基准长度

在规定的张紧力下，沿 V 带的中性层量得的带的周长称为带的基准长度，用符号 L_d 表示，它就是带的公称长度。基准长度主要用于带传动的几何尺寸的计算，其长度系列见表 4-2。

表 4-2　　　　　　　　V 带基准长度 L_d（摘自 GB/T11544—1997）

L_d	型　号	L_d	型　号	L_d	型　号
200		900		4000	
224		1000		4500	B
250		1120	Z	5000	
280		1250		5600	
315	Y	1400			
355				6300	
		1600		7100	
400		1800		8000	C
450		2000	A　B	9000	D
500		2240		10000	
560	Z	2500			E
			C		
630		2800		11200	
710		3150		12500	
800	A	3550		14000	
			D	16000	
				18000	
				20000	

（3）普通 V 带的标记

V 带的标记由带的型号、基准长度和标准编号 3 部分组成。例如，标记为：A1400 GB/T11544—1997，表示 A 型普通 V 带，基准长度为 1400mm，国家标准号为 11544，颁布时间为 1997 年。

3．V 带带轮

（1）带轮的基准直径 d_d

V 带带轮的基准直径 d_d 是指带轮上与所配用 V 带的节宽相对应处的直径，见表 4-3。基准直径越小，传动时带在带轮上弯曲变形越严重，弯曲应力越大，带的使用寿命越短。普通 V 带都规定有最小基准直径，见表 4-3。

表 4-3　　　　　　　　普通 V 带带轮最小基准直径系列（mm）

V 带型号	Y	Z	A	B	C	D	E
最小基准直径	20	50	75	125	200	355	500

（2）带轮的典型结构

带轮由轮缘（用以安装传动带）、轮毂（用以安装在轴上）、轮辐或腹板（用以连接轮缘与轮毂）三部分组成。V 带轮按轮辐结构不同分为 4 种形式，如图 4-7 所示。其中，实心式用于基准直径较小的带轮，随着带轮基准直径的增大，依次采用腹板式、孔板式和轮辐式带轮。带轮直径大于 300mm 时，一般采用轮辐式。

（a）实心式

（b）腹板式

（c）孔板式

（d）轮辐式

图 4-7　带轮的典型结构

4．V 带传动的主要参数

V 带传动的主要参数包括包角、传动比、带的线速度、带轮基准直径、中心距、带的根数等。

（1）包角

包角是指带与带轮接触弧所对的圆心角，用 α 表示，如图 4-8 所示。包角的大小，反映了带与带轮轮缘表面间接触弧的长短。包角越大，带与带轮的接触弧越长，带传递功率的能力就越大；反之，带传递功率的能力就越小。

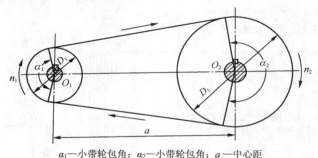

α_1—小带轮包角；α_2—小带轮包角；a—中心距

图 4-8　带轮的包角

为了提高带传动的承载能力，包角不能太小，一般要求 V 带传动中小带轮上的包角 $\alpha_1 \geqslant 120°$。由于大带轮上的包角总是大于小带轮上的包角，因此，只要小带轮上的包角满足要求即可。

（2）传动比

传动比越大，两带轮直径差就越大。在中心距不变的情况下，两带轮直径差越大，小带轮上的包角就越小，带的传动能力就越低。通常，V 带传动的传动比 $i \leqslant 7$，常用 2～7。

（3）带的线速度

带速 v 一般取 5～25m/s。带速 v 过快或过慢都不利于带的传动能力。带速太低，在传动功率一定时，所需圆周力增大，会引起打滑；带速太高，离心力又会使带与带轮间的压紧程度减少，传动能力降低。

（4）带轮基准直径

带轮直径越大，传动装置的结构尺寸就越大；带轮直径越小，结构就越紧凑，但带的使用寿命就越短。所以，在结构尺寸允许的情况下，带轮直径应尽可能选大些，以利于延长带的使用寿命。

（5）中心距

中心距是两带轮传动中心之间的距离（如图 4-8 所示）。

中心距越小，带的长度也越短，在带速一定时，相同时间内带绕过带轮的次数就越多，带的使用寿命就越低。

中心距过大会使带过长，增加了运动时带的抖动。

因此，带传动的中心距不宜过大或过小，一般在 0.7～2 倍的 $(d_{d1}+d_{d2})$ 范围内。

（6）带的根数

V 带的根数影响到带的传动能力。根数多，传动功率大，所以 V 带传动中所需带的根数应按具体传递功率大小而定，但为了使各根带受力比较均匀，带的根数不宜过多，通常不超过 10 根。

5．V 带传动的安装与维护

正确的安装与维护既是保证 V 带正常工作和延长使用寿命的有效措施，也是提高传动效率的要求。普通 V 带的安装与维护见表 4-4。

表 4-4　　　　　　　　　　普通 V 带传动的安装与维护

内　　容	安装与维护内容	图　　解
V 带在轮槽中的位置要求	V 带应正确地安装在轮槽中，一般以带的外边缘与轮缘平齐为准	（a）正确　（b）错误　（c）错误
带轮的位置要求	安装带轮时，两带轮的轴线应相互平行，两带轮轮槽的对称平面应重合	（a）正确位置　（b）、（c）带轮安装的实际位置的允许误差
张紧力要求	V 带张紧力要适当。若用手指按压 V 带中部，V 带垂直下降 15mm 左右则松紧程度为适当	

另外，V 带传动应安装防护罩；更换 V 带时应成组更换。

三、平带传动

平带的横截面为扁矩形，其工作面是与轮面接触的内表面，如图 4-9（a）所示。常用的平带为橡胶帆布带。根据两带轮轴线之间的位置关系，平带有 3 种传动形式。

① 两轴平行，两带轮转向相同的传动，称为开口传动，如图 4-9（a）所示。

② 两轴平行，两带轮转向相反的传动，称为交叉传动，如图 4-9（b）所示。

③ 两轴空间垂直交错的传动，称为半交叉传动，如图 4-9（c）所示。

四、带传动的张紧

带传动在工作时，带与带轮之间需要一定的张紧力。当带工作一段时间之后，就会因塑性变形而松弛，使初拉力下降，带的传动能力便下降。为了保证带的传动能力，应将带重新张紧。带传动的张紧有调整中心距和使用张紧轮两种方法。带传动的张紧装置分定期张紧和自动张紧两类。V 带传动常用的张紧方法见表 4-5。

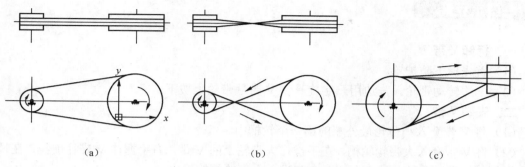

图 4-9　平带传动形式

表 4-5　　　　　　　　　　　　　　　　V 带传动常用的张紧方法

张紧方法	结 构 简 图	应 用
调整中心距	电动机　调节螺钉　机架　滑道　V带	用于水平或接近水平的传动。电动机装在滑槽上，利用调整螺钉来调整中心距的距离。属定期张紧
	摆架　小轴　调节螺母	适用于两轴线相对安装支架垂直或接近垂直的传动。属定期张紧
	摆架　小轴	靠电动机及摆架的重力使电动机绕小轴摆动实现自动张紧
使用张紧轮	从动轮　张紧轮　主动轮	用于 V 带的固定中心距传动。张紧轮应置于松边内侧且靠近大带轮处（可避免带受双向弯曲和小带轮的包角过分减小）。属定期张紧
	1　2	适用于平带传动。张紧轮 1 安放在平带松边外侧，并要靠近小带轮，可增大小带轮包角，提高传动能力。属自动张紧

 基本技能

一、拆卸V带

（1）首先拆下防护罩。

（2）一边转动带轮，一边用一字旋具将V带从带轮上拨下。

二、安装V带

（1）将V带套入小带轮最外端的第一个轮槽中。

（2）将V带套入大带轮轮槽，左手按住大带轮上的V带，右手握住V带往前拉，在拉力的作用下，V带沿着转动的方向即可全部进入大带轮的轮槽内。

（3）调整V带张紧力。带的松紧要适当，不宜过松或过紧。过松时，不能保证足够的张紧力，传动时容易打滑，传动能力不能充分发挥；过紧时，带的张紧力过大，传动中磨损加剧，带的使用寿命缩短。

（4）安装好防护罩。

 任务学习评价

一、自我评价、小组评价及教师评价

评价项目	评价内容	分值	自我评价	小组评价	教师评价	得分
基本知识	带传动的组成、类型、工作原理、应用特点	10				
	带传动的传动比	5				
	普通V带的结构、标准和标记	10				
	V带带轮	5				
	V带传动的主要参数	10				
	V带的安装维护	10				
	平带传动	10				
	带传动的张紧装置	10				
基本技能	拆卸V带	10				
	安装V带	20				

二、个人学习总结

成功之处	
不足之处	
改进方法	

三、习题和思考题

1. 常用的带传动有哪些?

2. 带传动的应用特点是什么?

3. 试述带传动的工作原理。

4. 普通 V 带分哪几种型号?各型号截面积大小如何排序?截面积大小与传递功率有何关系?

5. 解释普通 V 带的标记:C2240 GB/T 11544—1997

6. 什么是包角?包角的大小对带传动有什么影响?V 带传动时,包角一般应不小于多少?

7. 带轮结构由哪几部分组成?带轮的典型结构有哪几种?

8. 为什么带传动要有张紧装置?常用的 V 带张紧方法有哪些?

9. 使用张紧轮时,平带传动与 V 带传动张紧轮的安放位置有何区别?为什么?

10. 一普通 V 带传动,主动带轮的基准直径 d_{d1} =125mm,从动带轮的基准直径 d_{d2} = 400mm,主动带轮的转速 n_1=600r/min,若不计带与带轮之间的滑动,试求传动比及从动带轮的转速 n_2。

任务二　分析空气压缩机的工作原理

任务学习目标

学 习 目 标	学时
① 掌握铰链四杆机构的组成 ② 掌握铰链四杆机构的基本形式,了解其应用 ③ 掌握各种形式的铰链四杆机构的基本性质 ④ 掌握曲柄滑块机构的基本性质 ⑤ 掌握空气压缩机的工作原理	4

任务情境创设

气压传动系统中最常用的空压机是往复活塞式的。活塞式空压机是利用曲柄滑块机构来工作的,曲柄滑块机构是由一种铰链四杆机构演变而来的。在本任务中,我们要学习铰链四杆机构的基本知识,并分析活塞式空压机的工作原理。

基本知识

一、铰链四杆机构的组成和基本形式

铰链四杆机构是由 4 个杆件通过铰链连接而成的传动机构,简称四杆机构。

铰链,即转动副。用铰链连接的两构件可以绕着它转动,图 4-10(a)所示为在机械设备中常用的固定铰链。在日常生活中,门和家具上的合页也是铰链的具体应用,如图 4-10(b)所示。

铰链四杆机构的结构简图如图 4-11 所示。在机构简图中，小圆圈代表铰链，线段代表杆件；带短斜线的线段［如图 4-11（a）所示］和两固定铰链之间的假想连线［如图 4-11（b）所示］表示固定不动的杆件。

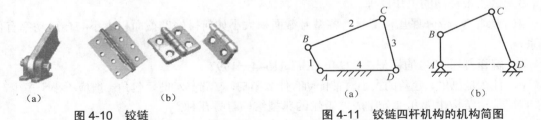

图 4-10　铰链 　　　　　　　　　　　图 4-11　铰链四杆机构的机构简图

（a）　　　　　　　　（b）　　　　　　　　　　　（a）　　　　　　　　（b）

1．铰链四杆机构各构件的名称

在铰链四杆机构中，固定不动的杆件 AD 称为机架；与机架 AD 相对的杆件 BC 称为连杆；与机架相连的杆件 AB 和 CD 称为连架杆。

在连架杆中，能绕机架作整周转动的连架杆叫做曲柄，不能作整周转动的连架杆叫做摇杆。

2．铰链四杆机构的基本形式

在铰链四杆机构的两个连架杆中，可能两个都是曲柄或两个都是摇杆，也可能一个是曲柄、另一个是摇杆。根据曲柄存在形式的不同，铰链四杆机构分为曲柄摇杆机构、双曲柄机构和双摇杆机构 3 种基本形式。

二、曲柄摇杆机构

1．曲柄摇杆机构及其应用

在铰链四杆机构中，若一个连架杆为曲柄，另一个为摇杆，则此铰链四杆机构称为曲柄摇杆机构。曲柄摇杆机构的应用实例见表 4-6。

表 4-6　　　　　　　　　　　　曲柄摇杆机构应用实例

实　例	图　例	机　构　简　图	机构运动分析
雷达天线俯仰机构			曲柄 1 转动，通过连杆 2，使固定在摇杆 3 上的天线作一定角度的摆动，以调整天线的俯仰角
汽车雨刮器			主动曲柄 AB 回转，从动连杆 CD 往复摆动，利用摇杆的延长部分实现刮水动作
缝纫机			踏板（相当于摇杆）为主动件，当脚蹬踏板时，通过连杆 BC 使带轮（相当于曲柄）作整周转动

2．曲柄摇杆机构的运动特性

（1）急回运动

图 4-12 所示为一曲柄摇杆机构，其曲柄 AB 在转动一周的过程中，有两次与连杆 BC 共线。在这两个位置，铰链中心 A 与 C 之间的距离 AC_1 和 AC_2 分别为最短和最长，因而摇杆 CD 的位置 C_1D 和 C_2D 分别为其左右极限位置。摇杆在两极限位置间的夹角 φ 称为摇杆的摆角。

当曲柄由位置 AB_1 顺时针转到 AB_2 位置时，曲柄转角 $\varphi_1 = 180° + \theta$，这时摇杆由左极限位置 C_1D 摆到右极限位置 C_2D，摇杆摆角为 φ；而当曲柄顺时针再转过角度 φ_2（$\varphi_2 = 180° - \theta$）时，摇杆由位置 C_2D 摆回到位置 C_1D，其摆角仍然是 φ。虽然摇杆来回摆动的摆角相同，但对应的曲柄转角不等（$\varphi_1 > \varphi_2$），当曲柄匀速转动时，对应的时间也不等（$t_1 > t_2$），从而反映了摇杆往复摆动的快慢不同。令摇杆自 C_1D 摆至 C_2D 为工作行程，这时铰链 C 的平均速度是 $v_1 = C_1C_2/t_1$，摇杆自 C_2D 摆回至 C_1D 是其空回行程，这时 C 点的平均速度是 $v_2 = C_1C_2/t_2$，显然 $v_1 < v_2$，它表明摇杆具有急回运动的特性。例如，牛头刨床、往复式输送机等机械就是利用这种急回特性来缩短非生产时间、提高生产率的。

（2）止点位置

如图 4-13 所示的曲柄摇杆机构，如以摇杆为原动件，而曲柄为从动件，则当摇杆摆到极限位置 C_1D 和 C_2D 时，连杆与曲柄共线。若不计各杆的质量，则这时连杆施加给曲柄的力将通过铰链中心 A。此力对 A 点不产生力矩，因此不能使曲柄转动。机构的这种位置称为止点位置（也称为死点位置）。

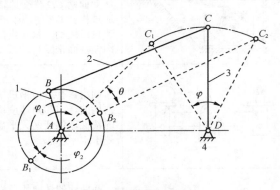

图 4-12　摇杆的急回特性

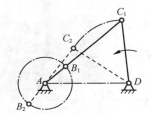

图 4-13　止点位置

止点位置会使机构的从动件出现卡死或运动不确定现象，一般情况下要设法克服。在机械传动中，通常利用从动件本身或飞轮的惯性作用使机构通过止点位置。

另一方面，在实际应用中，有许多场合是利用止点位置来工作的。如工件的自动夹紧机构、飞机起落架、折叠椅等。

综上所述，曲柄摇杆机构的运动特性可以概括为：当曲柄为主动件并作匀速转动时，摇杆作变速往复摆动且有急回特性；而当摇杆为主动件驱动曲柄作整周转动时，机构会出现两个止点位置。

三、双曲柄机构

在铰链四杆机构中，若两个连架杆均能作整周的运动，即两个连架杆都是曲柄，则该机构称为双曲柄机构。常见的双曲柄机构有不等长双曲柄机构、平行双曲柄机构和反向双曲柄机构，见表 4-7。双曲柄机构应用实例见表 4-8。

表 4-7　　　　　　　　　　　　　　　双曲柄机构类型

类　型	图　式	机 构 特 点	运 动 特 性
不等长双曲柄机构		两曲柄长度不相等	主动曲柄匀速转动时，从动曲柄做变速转动 无止点位置
平行双曲柄机构		连杆与机架的长度相等，两曲柄长度相等，并形成平行四边形	从动曲柄和主动曲柄的转动方向、转动速度都相同 无止点位置，但当曲柄和连杆共线时会出现运动的不确定性，应设法克服
反向双曲柄机构		连杆与机架的长度相等，两曲柄长度相等，但不平行	从动曲柄和主动曲柄的转动方向相反、转动速度也不相同 无止点位置

表 4-8　　　　　　　　　　　　　　　双曲柄机构应用实例

实例	图　例	机 构 简 图	机 构 运 动 分 析
惯性筛			主动曲柄 AB 作匀速转动，从动曲柄 CD 作变速转动，通过构件 CE 使筛子产生变速直线运动，筛子内的物料因惯性而来回抖动
天平			利用平行双曲柄机构中两曲柄的转向和角速度均相同的特性，保证两天平盘始终处于水平状态
汽车门启闭机构			两曲柄的转向相反，角速度也不相同。牵动主动曲柄 AB 的延伸端 E，能使两扇门同时开启或关闭

四、双摇杆机构

在铰链四杆机构中，若两连架杆均为摇杆，则此铰链四杆机构称为双摇杆机构。双摇杆机构的应用实例见表 4-9。

在双摇杆机构中，不论哪一个摇杆为主动构件，机构都有止点位置（图 4-14 虚线所表示的位置）。在实际应用中，如果需要避免止点位置，应限制摇杆的摆动角度。另外，有时我们也可以应用双摇杆机构的止点位置来满足某项工作的要求，见表 4-9 中的工件夹紧机构。

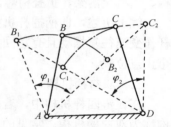

图 4-14　双摇杆机构

表 4-9 双摇杆机构应用实例

实例	图 例	机构简图	机构运动分析
电风扇的摇头机构			电风扇的摇头机构即为双摇杆机构，当电动机输出轴蜗杆带动蜗轮—连杆 *AB* 转动时，带动两从动摇杆 *AD* 和 *BC* 作往复摆动，从而实现电风扇的摇头动作
起重机机构			当摇杆 *AB* 摆动时，摇杆 *CD* 随之摆动，可使吊在连杆 *BC* 上点 *E* 处的重物作近似水平移动，这样可避免重物在平移时产生不必要的升降，减少能量的消耗
夹紧机构			把 *AB* 当做主动件，当连杆 *BC* 和从动件 *CD* 共线时，机构处于止点，夹紧反力对摇杆 *CD* 的作用力矩为零。这样，无论夹紧反力有多大，也无法推动摇杆 *CD* 而松开夹具。当用手搬动连杆 *BC* 的延长部分时，因主动件的转换破坏了止点位置而轻易地松开工件

五、铰链四杆机构形式的判别

1. 铰链四杆机构中曲柄存在的条件

铰链四杆机构的 3 种基本类型的区别在于机构中是否存在曲柄，存在几个曲柄；机构中是否存在曲柄与各构件相对尺寸的大小以及哪个构件作机架有关。可以证明，铰链四杆机构中可能存在曲柄的杆长条件为：最短杆与最长杆长度之和不大于其余两杆长度之和。

2. 铰链四杆机构基本类型的判别方法

符合曲柄存在的杆长条件时：① 以最短杆作机架时是双曲柄机构；② 以最短杆的邻杆为机架时是曲柄摇杆机构；③ 以最短杆的对杆为机架时是双摇杆机构。

不符合曲柄存在的杆长条件时，无论以哪一个杆件为机架，都只能形成双摇杆机构。

【例题】 铰链四杆机构 *ABCD* 如图 4-15 所示。请根据基本类型判别准则，说明机构分别以 *AB*、*BC*、*CD*、*AD* 各杆为机架时属于何种机构。

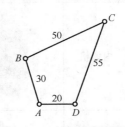

图 4-15 铰链四杆机构

解： 分析题目给出的铰链四杆机构可知，*AD* = 20 为最短杆，*CD* = 55 为最长杆，其余两杆 *AB* = 30、*BC* = 50。

因为   *AD*+*CD* = 20+55 = 75

         AB+*BC* = 30+50 = 80

所以该机构符合曲柄存在的杆长条件。

（1）以 *AB* 或 *CD* 为机架，即以最短杆 *AD* 的邻杆为机架时，为曲柄摇杆机构。

（2）以 *BC* 为机架，即以最短杆的对杆为机架时，为双摇杆机构。

（3）以 *AD* 为机架，即以最短杆为机架时，为双曲柄机构。

六、曲柄滑块机构

在生产实际中，还广泛采用其他形式的四杆机构。其他形式的四杆机构一般都是通过改变铰链四杆机构某些构件的形状、相对长度或选择不同构件作为机架等方式演化而来的，如曲柄滑块机构就是由曲柄摇杆机构演化而来的。

在图 4-16（a）所示的铰链四杆机构 *ABCD* 中，摇杆 *CD* 的长度越大，*C* 点运动轨迹的曲率半径就越大。假设要求 *C* 点作直线运动，则摇杆 *CD* 的长度就是无穷大，这显然是不可能实现的。为了实现这一目的，在实际应用中可以根据需要制作一个导路，把 *C* 点做成一个与连杆铰接的滑块并使之沿导路运动，而不再专门做出 *CD* 杆。这就形成了曲柄滑块机构。图 4-16（b）所示为偏置曲柄滑块机构，导路与曲柄转动中心有一个偏距 *e*；图 4-16（c）所示为对心曲柄滑块机构，导路与曲柄转动中心的偏距为 0。由于对心曲柄滑块机构结构简单，受力情况好，故在实际生产中得到广泛应用。因此，如果没有特别说明，我们所说的曲柄滑块机构即意指对心曲柄滑块机构。

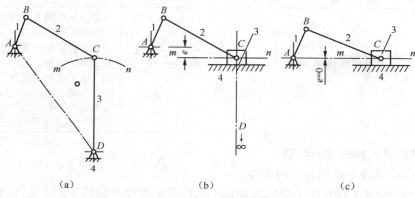

（a） （b） （c）

图 4-16　曲柄滑块机构

曲柄滑块机构广泛应用在活塞式内燃机、空气压缩机、冲床等机械中。表 4-10 所示为几种应用曲柄滑块机构的实例。

表 4-10　　　　　　　　　　　曲柄滑块机构应用实例

实例	机 构 图	机 构 简 图	运 动 分 析
内燃机			柴油机中的曲柄滑块机构，可将滑块的往复直线运动转换为曲柄的旋转运动
压力机			压力机中的曲柄滑块机构，可将曲柄的旋转运动转换为滑块的往复直线运动

续表

实例	机构图	机构简图	运动分析
自动送料机		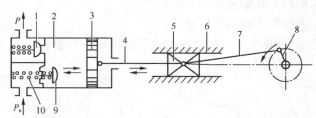	曲柄 AB 每转动一周，滑块 C 就从料槽中推出一个工件

基本技能

一、分析空气压缩机的工作原理

图 4-17 所示为往复活塞式空压机的结构。曲柄 8、连杆 7、十字头 5 组成了曲柄滑块机构。当曲柄从图示位置逆时针转动时，十字头 5 向左运动，通过活塞杆 4 推动活塞 3 向左运动。这时，吸气阀 9 关闭、排气阀 1 打开，压缩空气从汽缸 2 内排到空压机的储气罐内，这个过程称为"排气过程"。当活塞运动到最左端时，曲柄 8 继续转动，活塞开始向右运动，这时，排气阀 1 关闭、吸气阀 9 打开，外界空气在大气压力作用下进入到汽缸 2 内，这个过程称为"吸气过程"。这样曲柄连续的转动，使活塞产生往复运动，引起汽缸容积变化，实现空压机连续的吸气和排气的过程。

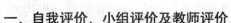

1—排气阀；2—汽缸；3—活塞；4—活塞杆；5、6—十字头与滑道；7—连杆；8—曲柄；9—吸气阀；10—弹簧

图 4-17　往复活塞式空气压缩机工作原理图

任务学习评价

一、自我评价、小组评价及教师评价

评价项目	评价内容	分值	自我评价	小组评价	教师评价	得分
基本知识	铰链四杆机构的组成	10				
	铰链四杆机构的基本形式及其应用	20				
	曲柄摇杆机构的运动特性	10				
	曲柄滑块机构及其应用	10				
	曲柄滑块机构的基本性质	10				
基本技能	铰链四杆机构形式的判别	20				
	分析空气压缩的工作原理	20				

二、个人学习总结

成功之处	
不足之处	
改进方法	

三、习题和思考题

1．什么是铰链四杆机构？四个构件分别称为什么？

2．什么是曲柄？什么是摇杆？铰链四杆机构分为哪几种基本类型？它是根据什么条件来划分的？

3．什么是曲柄摇杆机构？其运动特性是什么？

4．什么是双曲柄机构？其常见形式有哪些？

5．什么是双摇杆机构？其运动特性是什么？

6．根据图 4-18 所注明的尺寸，判断各铰链四杆机构的类型。

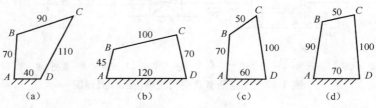

图 4-18　铰链四杆机构

7．一铰链四杆机构中的四杆长度分别为：AB=450mm，BC=400mm，CD=300mm，AD=200mm。试判断机构能否有曲柄存在？若能有曲柄存在，如何获得铰链四杆机构的 3 种基本形式？

8．什么是曲柄滑块机构？它是由什么机构演化而成的？

项目五　内燃机配气机构

内燃机配气机构的功用是按照发动机的工作循环和点火顺序，定时开启和关闭各汽缸的进、排气门，使可燃混合气（汽油机）或空气（柴油机）及时进入汽缸，废气及时排出，实现换气过程。

图 5-1 所示的配气机构采用了上置式凸轮轴，由于凸轮轴和曲轴相距较远，两者之间采用了链传动［如图 5-1（a）所示］或齿形带传动［如图 5-10（b）所示］，由曲轴正时齿形带轮、凸轮轴正时齿形带轮、正时传动链（或正时齿形带）、张紧轮等组成了气门传动组件，将曲轴转速传给凸轮轴，由凸轮轴控制气门的启闭。现代高速汽车发动机上广泛采用的是齿形带传动。

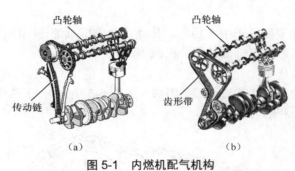

图 5-1　内燃机配气机构

任务一　更换齿形带

✑ 任务学习目标

学 习 目 标	学时
① 掌握齿形带传动的特点和应用 ② 掌握链传动的类型，了解其应用 ③ 了解更换内燃机齿形带的操作要点	4

📹 任务情境创设

图 5-1 所示的内燃机配气机构中，曲轴和凸轮轴之间采用了链传动或齿形带传动。链传动或齿形带传动有哪些特点？齿形带磨损后应更换新件，更换齿形带的操作要点是什么？现在就让我们来解决这些问题。

一、齿形带传动

齿形带传动属于啮合型的带传动，带的工作面做成齿形，带轮的轮缘表面也做成相应的齿形，带与带轮依靠啮合进行传动，如图5-2所示。

齿形带是以细钢丝绳或玻璃纤维为强力层，外覆以聚氨脂或氯丁橡胶制成的环形带。由于带的强力层承载后变形小，且内周制成齿状使其与齿形的带轮相啮合，故带与带轮间无相对滑动，构成同步传动，齿形带传动又称为同步带传动。

图5-2 齿形带传动

齿形带传动的主要特点有：传动比恒定、不打滑、效率高，所需张紧力小、对轴及轴承的压力小，传动的速度及功率范围广，不需润滑、耐油、耐磨损，允许采用较小的带轮直径、较短的轴间距、较大的速比，传动系统结构紧凑。缺点是带与带轮的制造工艺复杂，成本较高，安装精度要求较高。

目前，齿形带传动主要用于中小功率、传动比要求准确的传动中，如计算机中的外部设备、数控机床、内燃机、纺织机械、烟草机械等。

二、链传动

链传动由主动链轮、从动链轮和链条组成（如图5-3所示），工作中依靠链轮轮齿和链条链节的啮合来传动运动和动力。

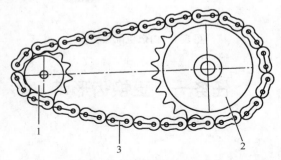

1—主动链轮；2—从动链轮；3—链条

图5-3 链传动

1．链传动的传动比

链传动的传动比就是主动链轮的转速 n_1 与从动链轮的转速 n_2 的比值，也等于两齿轮齿数 z_1 和 z_2 的反比。即：$i = \dfrac{n_1}{n_2} = \dfrac{z_2}{z_1}$。

2．链传动的常用类型

按用途不同，链可分为传动链、输送链和曳引起重链3类。其应用见表5-1。

3．套筒滚子链

（1）滚子链的结构

套筒滚子链是最常见的传动链，简称为滚子链。滚子链由内链板1、外链板2、销轴3、套筒4和滚子5组成，如图5-4所示。滚子链中，内链板紧压在套筒两端，销轴与外链板铆牢，分别称为内、外链节。这样内外链节就构成一个铰链。滚子与套筒、套筒与销轴均采用间隙配合。当链条啮入和啮出时，内外链节作相对转动；同时，滚子沿链轮轮齿滚动，可以减轻链和链轮轮齿的磨损。

表 5-1　　　　　　　　　　　　链的类型、应用及特点

分　类	图　示	应　用
传动链		用于在一般机械中传递运动和动力
输送链		用于输送工件、物品和材料，可直接用于各种机械上，也可以组成链式输送机作为一个单元出现
曳引起重链（曳引链）		用以传递力，起牵引、悬挂物品作用，兼作缓慢运动

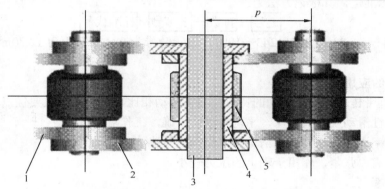

1—内链板；2—外链板；3—销轴；4—套筒；5—滚子

图 5-4　套筒滚子链

（2）滚子链的主要参数

① 节距

滚子链上相邻两滚子中心的距离称为链的节距，以 p 表示（如图 5-4 所示），它是滚子链的主要参数。在国家标准中，用链号反映该链条节距大小，链节距 $p =$ 链号×25.4/16mm。节距越大，链条各零件的尺寸越大，承载能力就越强，所能传递的功率也越大；但同时传动的振动、冲击和噪音也越严重。因此，应用时应尽可能选用小节距的链，高速传动或传动功率大时，可选用小节距的双排链或多排链，如图 5-5 所示。

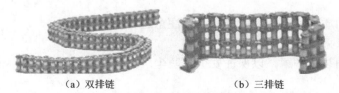

（a）双排链　　　　　　　　　（b）三排链

图 5-5　双排链和三排链

② 节数

滚子链的长度用节数来表示。为了使链条的两端便于连接，链节数最好取为偶数，这样链接头处正好是外链板与内链板相接，可用开口销［如图 5-6（a）所示］或弹簧夹锁紧［如图 5-6（b）所示］锁定。若链节数为奇数时，则需采用过渡链节［如图 5-6（c）所示］，过渡链节不但制造复杂，而且传动能力低，因此应尽量避免采用。

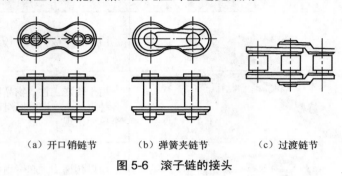

（a）开口销链节　　　　（b）弹簧夹链节　　　　（c）过渡链节

图 5-6　滚子链的接头

（3）滚子链的标记

滚子链已标准化，其标记方法为：

$$\boxed{链号} — \boxed{排数} — \boxed{链节数} \quad \boxed{标准代号}$$

例如：08A—1—88　GB/T 1243—1997，表示链号为 08A（节距为 12.70mm）、单排，88节的滚子链。

4．链传动的应用特点

链传动兼有带传动和齿轮传动的特点。与带传动相比，链传动的主要优点如下。

① 没有弹性滑动及打滑现象，平均传动比准确，工作可靠。

② 传递功率大。在相同承载情况下，结构更紧凑。

③ 一般不需要张紧，作用于轴上的压力较小。

④ 传动效率高。

⑤ 能在低速、重载和高温条件下，以及多尘、潮湿、有污染等不良环境中工作。

链传动的主要缺点如下。

① 瞬时传动比不恒定，传动不够平稳。

② 工作时会产生附加载荷、振动、冲击和噪声，不宜在载荷变化大和急速反向的传动中应用。

③ 只限于在两平行轴间传递运动和动力。

链传动广泛应用于农业、采矿、起重、运输、石油、化工等行业的机械传动中。

5．链传动的使用

① 安装时，两链轮轴线应相互平行，且两链轮应位于同一铅垂平面内，以免引起脱链和不正常的磨损。

② 为提高传动质量和延长使用寿命，要注意进行润滑。

③ 必要时可以采用张紧轮装置。

④ 链传动应加装防护罩，以保证安全和防尘。

 **基本技能**

一、拆装齿形带

桑塔纳轿车发动机配气机构气门传动组采用了齿形带传动、顶置凸轮轴结构，在国产轿车中具有代表性。

1．拆卸齿形带

（1）拆除外围附件，如空气滤清器、化油器等。

（2）将发动机固定在专用拆装架上。

（3）将曲轴转到第一缸上止点位置，使曲轴带轮上的标记与齿形带下防护罩上的标记对齐。

（4）拆下齿形带的上防护罩。

（5）将凸轮轴带轮上的标记对准齿形带后上防护罩的标记。

（6）拆下曲轴带轮。

（7）拆下齿形带的中间防护罩和下防护罩。

（8）松开齿形带张紧轮，取下齿形带。

齿形带如出现老化、裂纹、破损等现象时，应更换新件。

2．安装齿形带

安装齿形带的步骤和拆卸齿形带的顺序相反，要特别注意以下两点。

（1）在曲轴齿形带轮和中间轴齿形带轮上套齿形带时，应让曲轴齿形带轮上的标记与中间轴齿形带轮上的标记对准。

（2）齿形带的张紧力应符合要求。检查方法是：用手指捏住齿形带的中间位置（指凸轮轴齿形带轮和中间轴齿形带轮的中间位置），用力翻转时齿形带应刚好转过 90°。否则，应松开张紧轮紧固螺母，调整齿形带的张紧度。

 任务学习评价

一、自我评价、小组评价及教师评价

评价项目	评价内容	分值	自我评价	小组评价	教师评价	得分
基本知识	齿形带传动	10				
	链传动的传动比	10				
	链传动的常用类型	10				
	滚子链的结构、主要参数	10				
	链传动的应用特点	10				
	链传动的使用	10				
基本技能	拆卸齿形带	20				
	安装齿形带	20				

二、个人学习总结

成功之处	

续表

不足之处	
改进方法	

三、习题和思考题

1. 齿形带传动有些什么特点？主要应用于什么场合？
2. 常用的链有哪几种？与带传动相比，链传动有什么特点？
3. 滚子链由哪些零件组成？
4. 为什么滚子链的链节数最好取为偶数？

任务二 更换凸轮轴

任务学习目标

学 习 目 标	学时
① 掌握凸轮机构的组成、功用和特点 ② 掌握凸轮机构的基本形式 ③ 会更换内燃机的凸轮轴	4

任务情境创设

在上一个任务中我们已经知道，内燃机中配气机构的气门传动组件将曲轴转速传给凸轮轴，由凸轮轴控制气门的启闭。凸轮轴出现磨损、弯曲变形导致不能正常工作时，就应更换新的凸轮轴。本任务中我们将练习更换凸轮轴，学习并掌握凸轮机构的知识。

基本知识

凸轮轴是一种什么样的零件？它是如何控制气门启闭的？图 5-7 所示为配气机构气门组简图。图 5-7 中 1 为凸轮，气门的开启和关闭都由它来控制。分析凸轮轴是怎样控制气门的开启和关闭的，就需要我们掌握与凸轮有关的知识。

一、凸轮和凸轮机构

凸轮是一种具有曲线轮廓或凹槽的构件，它通过与从动件的高副接触，在运动时可以使从动件获得连续或不连续的任意预期运动。

含有凸轮的机构就是凸轮机构。

图 5-8 所示为自动车床走刀机构，其凸轮是一个具有凹槽的构件，凸轮回转时，从动件摆动，再通过扇形齿轮和齿条的啮合带动刀架移动。从中可以看出，凸轮机构的基本构件包

括凸轮、从动件和机架 3 部分。

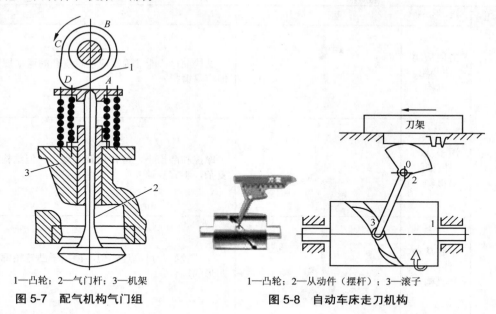

1—凸轮；2—气门杆；3—机架

图 5-7　配气机构气门组

1—凸轮；2—从动件（摆杆）；3—滚子

图 5-8　自动车床走刀机构

二、凸轮机构的特点

凸轮机构是机械中的常用机构，特别是在自动化机械中，其应用更为广泛。

凸轮机构结构简单、紧凑，只要设计出适当的凸轮轮廓曲线，就可以使从动件实现任意的预期运动规律。另一方面，凸轮机构是高副机构，不便于润滑，易于磨损，而磨损后会影响运动规律的准确性，因此只适用于传递动力不大的场合。而且，凸轮精度要求较高，制造较复杂，有时需要用数控机床进行加工。

三、凸轮机构的分类

凸轮机构的类型很多，按凸轮的形状分类可分为：盘形凸轮、移动凸轮、圆柱凸轮；按从动件末端形状分类可分为：尖顶从动件凸轮机构、滚子从动件凸轮机构、平底从动件凸轮机构；按从动件的运动形式分类可分为：移动从动件凸轮机构、摆动从动件凸轮机构。详见表 5-2。

表 5-2　　　　　　　　　　　　凸轮机构的分类

分类标准	类　型	图　例	特　点
按凸轮的形状分类	盘形凸轮		绕固定轴线回转并且具有变化向径的盘形构件，是凸轮的最基本形式，结构简单，应用最广
	移动凸轮		转轴位于无穷远时盘形凸轮的一部分，相对于机架作往复直线移动
	圆柱凸轮		在圆柱面上开有曲线沟槽或在圆柱端面上作出曲线轮廓

分类标准	类 型	图 例	特 点
按从动件末端形状分类	尖顶从动件凸轮机构		结构简单,能准确实现任意复杂的运动规律,但容易磨损
	滚子从动件凸轮机构		摩擦和磨损小,可传递较大动力。但结构较复杂,不宜高速
	平底从动件凸轮机构		润滑较好,可高速,但不能用于凸轮轮廓呈凹形的场合
按从动件的运动形式分类	移动从动件凸轮机构		把凸轮的转动转变为从动件的直线往复移动
	摆动从动件凸轮机构		把凸轮的转动转变为从动件的往复摆动

以上介绍了凸轮机构的几种分类方法。将不同类型的凸轮和从动件组合起来,就可以得到各种不同形式的凸轮机构。凸轮机构中,盘形凸轮和移动凸轮与从动件之间的相对运动为平面运动,属于平面凸轮机构。圆柱凸轮与从动件之间的相对运动为空间运动,属于空间凸轮机构。

 基本技能

一、更换凸轮轴

如图 5-7 所示,凸轮 1 逆时针回转,当凸轮 1 的曲线轮廓 AD 部分(向径逐渐增大)与气门杆 2 平底接触时,轮廓迫使气门杆 2(从动件)克服弹簧力向下移动,从而使气门打开;凸轮 1 继续回转,曲线轮廓 DC 部分(向径逐渐减小)与气门杆 2 平底接触时,气门杆 2(从动件)在弹簧力的作用下向上移动,从而使气门关闭。当凸轮 1 的曲线轮廓 ABC 部分(等半径圆弧)通过气门杆 2 时,气门杆 2 静止不动,气门保持关闭状态。

由以上分析可知,凸轮 1 的形状决定着气门杆 2 的运动规律,凸轮的形状影响气门的开闭时刻及高度。所以,当凸轮磨损严重时应更换凸轮轴。

1．拆卸凸轮轴

（1）拆下齿形带。

（2）拆下凸轮轴齿形带轮，取出连接用的半圆键。

（3）按顺序松开拆下汽缸盖螺栓，拆下汽缸盖与汽缸垫等零件。

（4）拆下轴承盖。注意轴承盖位置，作好标记或按顺序摆放。

（5）抬下凸轮轴。

2．安装凸轮轴

（1）清理轴承座孔并在其表面涂上适当润滑油。

（2）装上凸轮轴，安装轴承盖（注意位置不能错乱）。轴承盖螺栓应按规定的拧紧力矩拧紧。

（3）安装汽缸垫和汽缸盖。

 任务学习评价

一、自我评价、小组评价及教师评价

评价项目	评价内容	分值	自我评价	小组评价	教师评价	得分
基本知识	凸轮机构的组成	20				
	凸轮机构的功用	10				
	凸轮机构的类型	20				
	凸轮机构的特点	10				
基本技能	拆卸凸轮轴	20				
	安装凸轮轴	20				

二、个人学习总结

成功之处	
不足之处	
改进方法	

三、习题和思考题

1．凸轮机构由哪些构件组成？其基本特点是什么？

2．凸轮机构是如何分类的？各有什么特点？

3．图 5-9 所示为一绕线机机构示意图。试分析其工作原理。

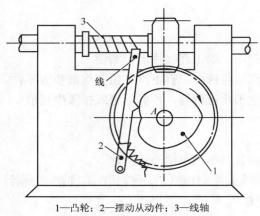

1—凸轮；2—摆动从动件；3—线轴

图 5-9　绕线机凸轮机构

4．图 5-10 所示为利用靠模法车削手柄的凸轮机构。该机构中的凸轮是什么凸轮？该凸轮机构是如何工作的？

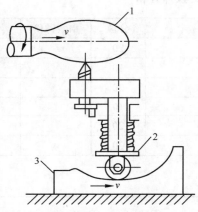

图 5-10　靠模法车削手柄

项目六　牛头刨床的横向进给机构

牛头刨床是对工件的平面进行刨削加工的机床，主要用来加工水平面、垂直面、斜面、直槽、T 形槽、曲面等（如图 6-1 所示）。如图 6-2 所示，在牛头刨床上对工件进行刨削加工时，滑枕带动刨刀沿床身导轨作往复直线运动完成切削运动（主运动），刨刀回程时工作台（工件）作横向移动为进给运动。

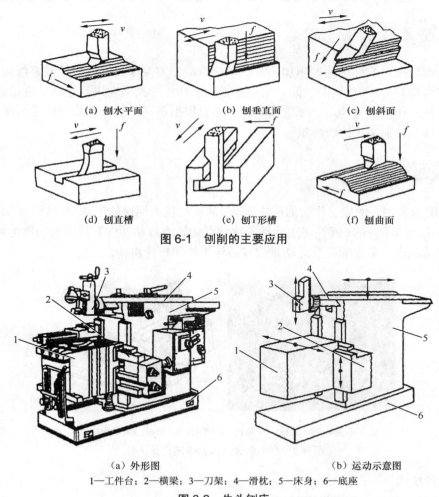

(a) 刨水平面　　　　　(b) 刨垂直面　　　　　(c) 刨斜面

(d) 刨直槽　　　　　(e) 刨T形槽　　　　　(f) 刨曲面

图 6-1　刨削的主要应用

（a）外形图　　　　　　　　（b）运动示意图

1—工件台；2—横梁；3—刀架；4—滑枕；5—床身；6—底座

图 6-2　牛头刨床

在本项目中，我们要学习如何调整工作台（工件）的进给量，并掌握间歇运动机构的相关知识。

任务一 调节牛头刨床的刨削进给量

任务学习目标

学 习 目 标	学时
① 掌握棘轮机构的组成、类型、特点及应用 ② 掌握槽轮机构的组成、类型、特点及应用 ③ 了解牛头刨床的横向进给机构的工作原理，会调整刨削进给量	4

任务情境创设

在牛头刨床上对工件进行刨削加工时，滑枕带动刨刀沿床身导轨作往复直线运动完成切削运动（主运动）。在两次切削之间，工作台带动工件作一次横向进给运动（进给运动），即工作台（工件）作间歇运动。在刨削加工时，需要根据不同的加工条件确定进给量的大小。那么，如何调节刨削加工的进给量呢？

基本知识

图 6-3 所示的牛头刨床工作台的进给运动，需要实现周期性的运动和停歇（即间歇运动），它是利用棘轮机构实现的。能够将主动件的连续运动转换成从动件有规律的间歇运动的机构，称为间歇运动机构。常见的间歇运动机构有棘轮机构和槽轮机构。

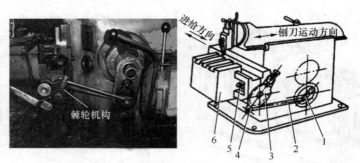

1—曲柄；2—连杆；3—棘轮；4—摇杆；5—丝杠；6—工作台

图 6-3　牛头刨床工作台横向进给机构

一、棘轮机构

1. 棘轮机构的组成与工作原理

如图 6-4 所示，棘轮机构主要由棘轮、棘爪、止退棘爪和机架等组成。当主动摇杆逆时针摆动时，摇杆上铰接的主动棘爪插入棘轮的齿内，推动棘轮同向转动一定角度。当主动摇杆顺时针摆动时，止退棘爪阻止棘轮反向转动，此时主动棘爪在棘轮的齿背上滑回原位，棘轮静止不动。这样，当摇杆作连续摆动时，棘轮就作单向的间歇运动。弹簧使止退棘爪压紧齿面，保证止退棘爪工作可靠。

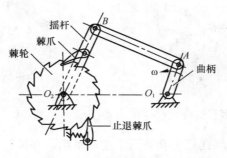

图 6-4　棘轮机构的组成

2．棘轮机构的类型和特点

棘轮机构的类型很多，按照工作原理可分为齿啮式和摩擦式，按结构特点可分为外接式和内接式。其常见类型见表 6-1。

表 6-1　　　　　　　　　　棘轮机构常见类型

形式	齿　啮　式	摩　擦　式	
		用　楔　块	用　滚　子
外接			
内接			
特点	运动可靠，但棘轮转角只能有级调节，且主动件摆角要大于棘轮运动角。有噪声，易磨损，不宜用于高速	运动不准确，但转角可无级调节。噪声小，适用于低速轻载的场合	特点同"用楔块"。内接常用于超越离合器

注：表中 1 为主动件，2 为棘爪或相当于棘爪的楔块或滚子，3 为棘轮或相当于棘轮的圆形从动件，4 为止回棘爪。

此外，常用的棘轮机构还有双动式棘轮机构（如图 6-5 所示）、可变向棘轮机构（如图 6-6 所示）等。

图 6-5 双动式棘轮机构

图 6-6 可变向棘轮机构

双动式棘轮机构是在主动摆杆上安装两个主动棘爪，在摆杆向两个方向往复摆动的过程中分别带动两棘爪，依次推动棘轮转动。即摆杆往复摆动一次，棘爪推动棘轮间歇地转动两次，所以称此棘轮机构为双动式棘轮机构。

可变向棘轮机构可使从动件获得双向间歇运动。其工作原理是变换棘爪相对棘轮的位置，实现棘轮的变向。

3．棘轮转角的调节

在棘轮机构中，根据机构工作的需要，棘轮的转角可以进行调节，常用的方法有两种。

（1）改变摇杆摆动角度的大小

通过改变曲柄摇杆机构曲柄长度 O_1A 的方法来改变摇杆摆动角度的大小，从而实现棘轮转角大小的调节，如图 6-7 所示。

（2）用遮板调节棘轮转角

在棘轮外部罩一遮板，改变遮板位置以遮住部分棘轮，可使行程的一部分在遮板上滑过，棘爪不与棘齿接触，从而改变棘爪推动棘轮的实际转角的大小，如图 6-8 所示。

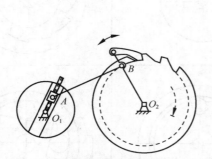

图 6-7 改变曲柄长度调节棘轮转角

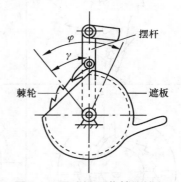

图 6-8 用遮板调节棘轮转角

二、槽轮机构

1．槽轮机构的组成与工作原理

图 6-9 所示为电影放映机卷片机构。放电影时，胶片以每秒 24 张的速度通过镜头，每张画面在镜头前有一短暂停留，通过视觉暂留而获得连续的场景。这一间歇运动由槽轮机构实现。

图 6-10 所示的槽轮机构由主动杆 1、圆销 2 和槽轮 3 及机架等组成。主动杆作逆时针等速连续转动，在主动杆上的圆销进入径向槽之前［如图 6-10（a）所示］，槽轮的内凹锁止弧被主动杆的外凸弧锁住而静止；当圆销开始进入槽轮径向槽时，两锁止弧脱开，圆销推动槽轮沿顺时针转动；当圆销开始脱离径向槽时［如图 6-10（b）所示］，槽轮因另一锁止弧又被锁住而静止，因此当主动杆每转一圈，从动槽轮作一次间歇运动。

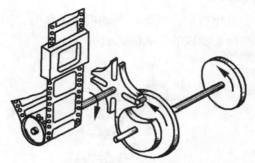

图6-9 电影放映机卷片机构

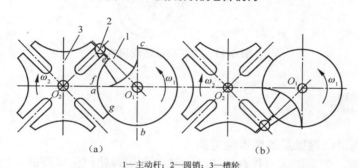

（a）   （b）

1—主动杆；2—圆销；3—槽轮

图6-10 单圆销外啮合槽轮机构

2．槽轮机构的特点

槽轮机构结构简单，工作可靠，机械效率较高，在进入和脱离接触时运动比较平稳，能准确控制转动的角度。但槽轮的转角不能调节，故只能用于定转角的间歇运动机构中，如自动机床、电影机械、包装机械等。另外，与棘轮机构相比，槽轮的角速度不是常数，在启动和停止时加速度变化大，因而惯性力也较大，故不适用于转速过高的场合；槽轮机构的结构要比棘轮机构复杂，制造与加工精度要求比较高。

3．槽轮机构的类型

槽轮机构分外啮合槽轮机构和内啮合槽轮机构，常见槽轮机构的类型和运动特点见表6-2。

表6-2   常见槽轮机构的类型和运动特点

类　　型		图　　例	运 动 特 点
外啮合槽轮机构	单销		主动杆每回转一周，槽轮间歇地转过一个槽口，且槽轮与主动杆转向相反
外啮合槽轮机构	双销		主动杆每回转一周，槽轮间歇地转动两次，每次转过一个槽口，且槽轮与主动杆转向相反
内啮合槽轮机构			主动杆每回转一周，槽轮间歇地转过一个槽口，且槽轮与主动杆转向相同

槽轮机构在机械设备中应用很广。例如，自动机床工作时，刀架的转位由预定程序来控制，而具体动作是由槽轮机构来实现的，如图 6-11 所示。

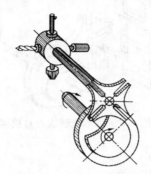

图 6-11　刀架转位槽轮机构

 **基本技能**

一、调节刨削进给量以及改变进给方向

如图 6-3 所示，牛头刨床工作台的进给运动是利用棘轮机构实现的。当曲柄 1 转动时，经连杆 2 带动摇杆 4 作往复摆动；摇杆 4 上装有双向棘轮机构的棘爪，棘轮 3 与丝杠 5 固连，棘爪带动棘轮作单方向间歇转动，棘轮带动水平进给丝杆转动，从而使工作台 6 在水平方向作自动进给。

1．调节刨削进给量

工作台横向进给量的大小取决于刀架每往复一次时棘爪所能拨动的棘轮齿数，因此，调节横向进给量，实际是通过调整棘轮盖板的位置，改变盖板的旋转角度（即改变了露齿的多少）来实现的。棘轮露齿越多，走刀量越大，反之则小。要注意，把盖板旋转至所需位置后应拧紧固定盖板的螺钉。

2．改变进给方向

改变棘爪的位置（绕自身轴线转过 180° 后固定），就可改变进给运动的方向。

 任务学习评价

一、自我评价、小组评价及教师评价

评价项目	评价内容	分值	自我评价	小组评价	教师评价	得分
基本知识	棘轮机构的组成、工作原理	10				
	棘轮机构的类型、特点	10				
	棘轮转角的调节	10				
	槽轮机构的组成、工作原理	10				
	槽轮机构的特点	10				
	槽轮机构的类型	10				
基本技能	调节刨削进给量	20				
	改变进给方向	20				

二、个人学习总结

成功之处	
不足之处	
改进方法	

三、习题和思考题

1．什么是间歇运动？常见的间歇运动机构有哪些？

2．棘轮机构由哪些基本部分组成？它是如何实现间歇运动的？调节棘轮转角大小的方法是什么？

3．比较齿式棘轮机构和摩擦式棘轮机构的特点。

4．槽轮机构是如何实现间歇运动的？

5．槽轮机构有哪几种类型？

项目七 液压千斤顶

液压千斤顶是一个简单的液压传动装置（如图7-1所示）。液压传动工作原理是：以油液为介质，通过密封容积的变化来传递运动，通过油液内部的压力来传递动力。在本项目中，我们要了解液压千斤顶工作原理及液压传动的相关理论知识。

图 7-1 液压千斤顶

任务一 分析液压千斤顶工作原理及传动系统回路

任务学习目标

学 习 目 标	学时
① 了解液压传动的工作原理及传动特点 ② 了解液压传动系统的组成及零件符号 ③ 了解解液压动力零件、执行零件、控制零件和辅助零件的结构及工作原理 ④ 了解液压传动基本回路的组成、特点和应用 ⑤ 能识读一般液压传动系统图，会用液压零件搭建简单常用回路	12

任务情境创设

图7-2所示为常见的液压千斤顶工作原理图。大油腔、小油腔的内部分别装有大活塞和小活塞，活塞与缸体之间保持一种良好的配合关系，不仅活塞能在缸体内滑动，而且配合面之间也能实现可靠的密封。

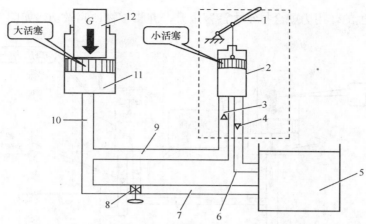

1—杠杆手柄；2—泵体（油腔）；3—排油单向阀；4—吸油单向阀；5—油箱；6、7、9、10—油管；
8—放油阀；11—液压缸（油腔）；12—重物

图 7-2　液压千斤顶工作原理

 基本知识

一、液压传动概述

1．液压传动的基本原理

（1）泵吸油过程

当用手向上提起杠杆手柄 1 时，小活塞就被带动上行，泵体 2 中的密封工作容积便增大。这时，由于排油单向阀 3 和放油阀 8 分别关闭了它们各自所在的油路，所以在泵体 2 中的工作容积扩大形成了部分真空。在大气压的作用下，油箱中的油液经油管打开吸油单向阀 4 并流入泵体 2 中，完成一次吸油动作，如图 7-3 所示。

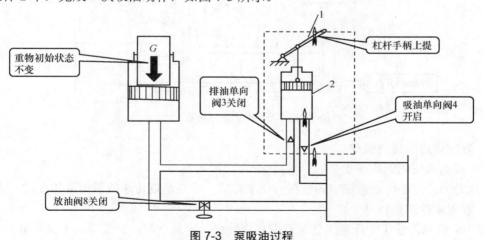

图 7-3　泵吸油过程

（2）泵压油和重物举升过程

当压下杠杆手柄 1 时，带动小活塞下移，泵体 2 中的小油腔工作容积减小，便把其中的油液挤出，推开排油单向阀 3（此时吸油单向阀 4 自动关闭了通往油箱的油路），油液便经油管进入液压缸（油腔）11。由于液压缸（油腔）11 也是一个密封的工作容积，所以进入的油

液因受挤压而产生的作用力就会推动大活塞上升，并将重物顶起做功，如图 7-4 所示。

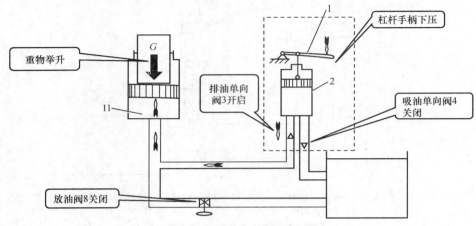

图 7-4　泵压油和重物举升过程

反复提、压杠杆手柄，就可以使重物不断上升，达到起重的目的。

（3）重物落下过程

需要大活塞向下返回时，将放油阀 8 开启（旋转 90°），则在重物自重的作用下，液压缸（油腔）11 中油液流回油箱 5，大活塞就下降到原位，如图 7-5 所示。

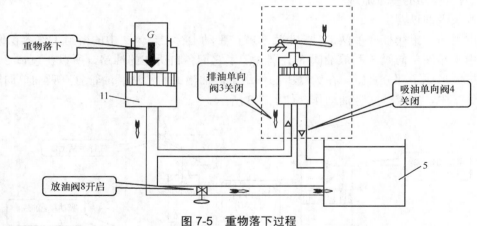

图 7-5　重物落下过程

2．液压传动系统的组成

液压传动系统的组成见表 7-1。

除此之外，液压传动系统中还包括有传动介质，主要是指传递能量的液体介质、液压油。

3．液压零件图形符号

图 7-6 所示的液压千斤顶工作原理图直观性强，容易理解，但绘制起来比较麻烦，系统件数量多时，绘制更加不便。为了简化原理绘制，系统中各零件可用图形符号表示。这些符号只表示零件的职能（即功能）、控制方式以及外部连接口，不表示零件的具体结构、参数以及连接口的实际位置和零件的安装位置。GB/T786.1—1993《液压气动图形符号》对液压气动零（辅）件的图形符号作了具体规定。常用液压零件及液压系统其他有关装置或器件的图形符号见附录。

表 7-1　　　　　　　　　　　　　　　　液压传动系统的组成

名称	功用	图示
动力部分	将原动机输出的机械能转换为油液的压力能（液压能）。动力零件有液压泵，在液压千斤顶中为手动柱塞泵	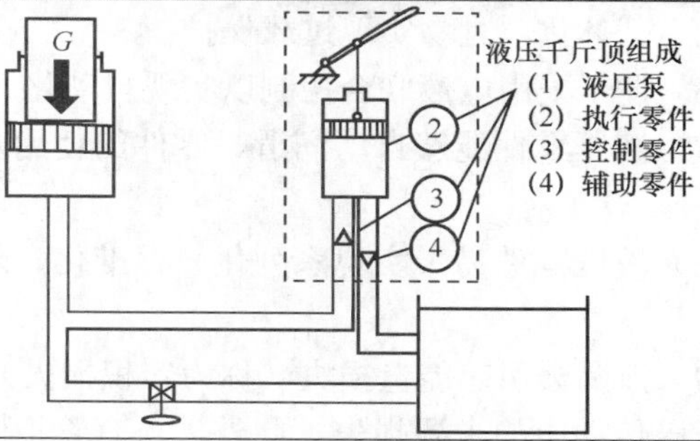
执行部分	将液压泵输入的油液压力能转换为带动工作机构的机械能。执行零件有液压缸和液压马达，在液压千斤顶中为液压缸	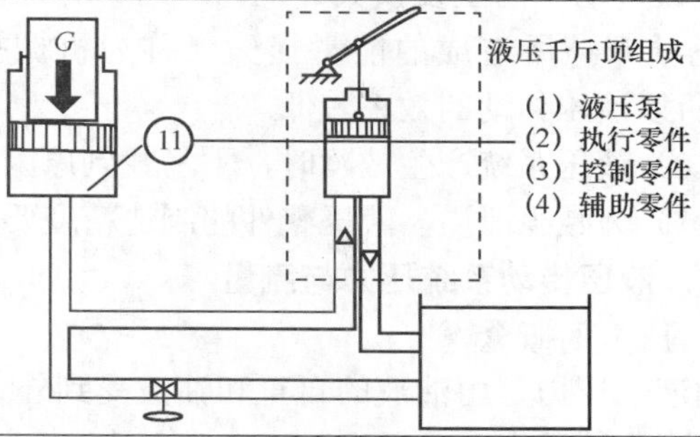
控制部分	用来控制和调节油液的压力、流量和流动方向。控制零件有各种压力控制阀、流量控制阀和方向控制阀等，在液压千斤顶中为放油阀等	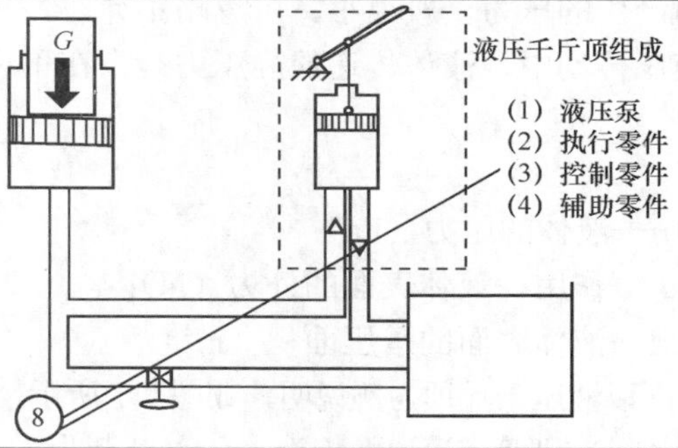
辅助部分	将前面 3 部分连接在一起，组成一个系统，起储油、过滤、测量和密封等作用，保证系统正常的工作。辅助零件有管路和接头、油箱、过滤器、蓄能器、密封件和控制仪表等，在液压千斤顶中为油管、油箱等	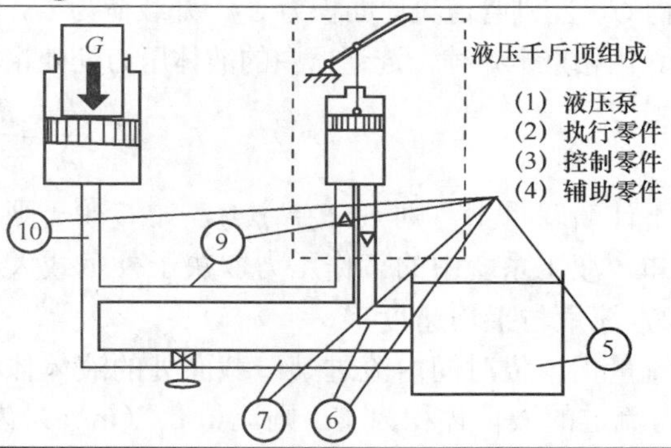

4．液压传动的应用特点

液压传动与机械传动、电气传动相比，其特点如下。

（1）易于获得很大的力和力矩。

（2）调速范围大，易实现无级调速。

（3）质量轻，体积小，动作灵敏。

（4）传动平稳，易于频繁换向。

（5）易于控制和调节，便于构成"机—电—液—光"一体化，且易实现过载保护。

（6）便于采用电液联合控制以实现自动化。

（7）液压零件能够自动润滑，零件的使用寿命长。

（8）液压零件易于实现系列化、标准化、通用化。

（9）泄漏会引起能量损失（称为容积损失），这是液压传动中的主要损失。此外，还有管道阻力及机械摩擦所造成的能量损失（称为机械损失），所以液压传动的效率较低。

（10）液压系统产生故障时，不易找到原因，维修困难。

（11）为减少泄漏，液压零件的制造精度要求较高。

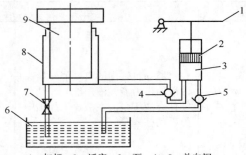

1—杠杆；2—活塞；3—泵；4、5—单向阀；
6—油箱；7—放油阀；8—活塞缸；9—活塞

图 7-6　液压千斤顶工作原理简化结构

二、液压传动系统压力与流量

1．压力的概念

油液的压力是由油液的自重和油液受到外力作用而产生的。在液压传动中，由于油液的自重而产生的压力一般很小，可忽略不计。

液压传动中，液体传递的静压力是指在单位面积的液体表面上所受的作用力，即

$$p = \frac{F}{A}$$

式中，p—液体的压力（Pa）；

F—作用在液体表面的外力（N）；

A—液体表面的承压面积（m^2）。

下面以液压千斤顶为例说明，如图 7-7 所示，通过作用在小活塞 1 上的力 F，顶起大活塞 2 上的重物 G，左则管道流通面积为 A_2，外载荷为 G，右侧管道流通面积为 A_1；作用在小活塞上的力为 F_1。由帕斯卡定律，连通器中的液体压力处处相等可知：在大活塞上将受一个力 F_2，并有

$$\frac{F_1}{A_1} = \frac{F_2}{A_2} = p$$

不计活塞重量，则 $G=F_2= pA_2$，如 $G=0$，则 p 一定为零；如 G 无穷大，则 p 无穷大。由此可知，液压系统中的工作压力取决于外负载大小。

2．流量与平均速度

流量指单位时间内流过某一截面处的液体体积（体积流量），如图 7-8 所示中 A_3 处，在时间 t 内流过的液体体积为 V，则流量 q_V（m^3/s）为：

$$q_V = \frac{V}{T}$$

平均流速 v 是液体在单位时间内平均移动的距离，即

$$v = \frac{q_V}{A}$$

由上式可知活塞的运动速度与流量成正比，与截面积成反比。

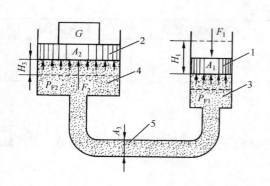

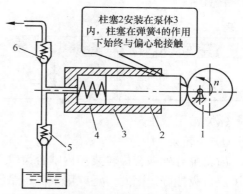

柱塞2安装在泵体3内，柱塞在弹簧4的作用下始终与偏心轮接触

图7-7　液压千斤顶的作用原理

1—偏心轮；2—柱塞；3—泵体；4—弹簧；5、6—单向阀

图7-8　液压泵工作原理图

3．功率

功率是指单位时间所作的功，用 P 表示，单位为 W（瓦）或 kW（千瓦）。液压缸的输出功率是液压缸的活塞运动速度与外负载 F 的乘积，即

$$P_{缸}=Fv$$

也可以写成液压缸的工作压力与流量的乘积，即

$$P_{缸}=p_{缸}\cdot q_{V缸}$$

液压泵的输出功率为泵的出口实际压力与输出实际流量的乘积，即

$$P_{泵}=p_{泵}\cdot q_{V泵}$$

三、液压零件

1．液压泵

（1）液压泵工作原理

液压泵是液压系统的动力零件，它是将电动机或其他原动机输出的机械能转换为液压能的装置。其作用是向液压系统提供压力油。

图 7-8 所示为一个简单的单柱塞泵的结构示意图，下面以它为例说明液压泵的基本工作原理。

当偏心轮转动时，柱塞受偏心轮驱动力和弹簧力的作用分别作左右运动。当柱塞向右运动时，其左端和泵体间的密封容积增大，形成局部真空，油箱中的油液在大气压的作用下通过单向阀 5 进入泵体内，单向阀封住出油口，防止系统中的油液回流，此时液压泵完成吸油过程。当柱塞向左运动时，密封容积减小，单向阀 5 封住吸油口，防止油液流回油箱，于是泵体内的油液受到挤压，便经单向阀 6 进入系统，此时液压泵完成压油过程。若偏心轮不停地转动，泵体就不断地吸油和压油。

由上述可知，液压泵是通过密封容积的变化来进行吸油和压油的。利用这种原理做成的泵称为容积式泵。机械设备中均采用这种泵。

（2）液压泵的类型

液压泵的种类很多，按照结构的不同，常用的液压泵有齿轮泵、叶片泵、柱塞泵和螺杆泵等；按其输油方向能否改变分为单向泵和双向泵；按其输出流量能否调节分为定量泵和变量泵；按其额定压力的高低分为低压泵、中压泵和高压泵。

（3）液压泵的图形符号（见表7-2）

表 7-2　　　　　　　　　　　　　　液压泵图形符号

单向定量泵	单向变量泵	单向旋转定量泵	双向变量泵

（4）常用液压泵

① 齿轮泵

齿轮泵有外啮合齿轮泵和内啮合齿轮泵两种结构形式。外啮合齿轮泵结构简单，成本低，抗污及自吸性好，因此广泛应用于低压系统。

外啮合齿轮泵工作原理如图 7-9 所示。

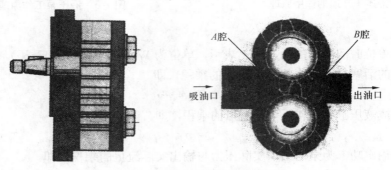

图 7-9　外啮合齿轮泵工作原理

齿轮泵是一种容积式回转泵。当一对啮合齿轮中的主动齿轮由电动机带动旋转时，从动齿轮与主动齿轮啮合而转动。在 A 腔，由于轮齿不断脱开啮合使容积逐渐增大，形成局部真空从油箱吸油，随着齿轮的旋转，充满在齿槽内的油被带到 B 腔，B 腔中由于轮齿不断进入啮合，容积逐渐减小，把油排出。

② 叶片泵

根据工作方式的不同，叶片泵分为单作用式叶片泵和双作用式叶片泵两种。单作用式叶片泵一般为变量泵，双作用式叶片泵一般为定量泵。双作用式叶片泵工作原理如图 7-10 所示。

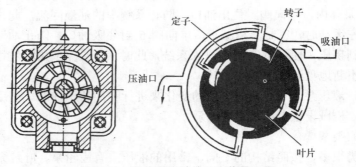

图 7-10　双作用式叶片泵工作原理图

双作用式叶片泵的工作原理如下。转子旋转时，叶片在离心力和压力油的作用下，尖部紧贴在定子内表面上。这样，两个叶片与转子和定子内表面所构成的工作容积，先由小到大吸油，再由大到小排油，叶片旋转一周时，完成两次吸油和两次排油。

③ 柱塞泵

按照柱塞排列方向的不同，柱塞泵分为径向柱塞泵和轴向柱塞泵两种。由于径向柱塞泵的结构特点使其应用受到限制，已逐渐被轴向柱塞泵所代替。

轴向柱塞泵工作原理如图 7-11 所示。

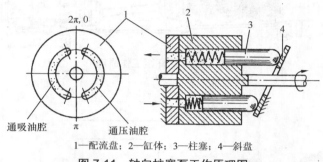

通吸油腔　　　π　　通压油腔

1—配流盘；2—缸体；3—柱塞；4—斜盘

图 7-11　轴向柱塞泵工作原理图

轴向柱塞泵是利用与传动轴平行的柱塞在柱塞孔内往复运动所产生的容积变化来进行工作的。柱塞泵由缸体与柱塞构成，柱塞在缸体内作往复运动，在工作容积增大时吸油，在工作容积减小时排油。

④ 螺杆泵

螺杆泵主要有转子式容积泵和回转式容积泵两种。按螺杆数不同，又有单螺杆泵、双螺杆泵和三螺杆泵之分。

单螺杆泵结构如图 7-12 所示。

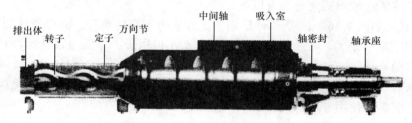

排出体　　转子　　定子　　万向节　　中间轴　　吸入室　　轴密封　　轴承座

图 7-12　单螺杆泵结构

螺杆泵的主要工作部件是偏心螺旋体的螺杆（称转子）和内表面呈双线螺旋面的螺杆衬套（称定子）。其工作原理如图 7-13 所示。当电动机带动泵轴转动时，螺杆一方面绕本身的轴线旋转，另一方面它又沿衬套内表面滚动，于是形成泵的密封腔室。螺杆每转一周，密封腔内的液体向前推进一个螺距，随着螺杆的连续转动，液体以螺旋形方式从一个密封腔压向另一个密封腔，最后挤出泵体。

2．液压执行零件

（1）液压缸（如图 7-14 所示）是液压系统的执行零件，它完成液体压力能转换成机械能的过程，实现执行零件的直线往复运动。液压缸可分为活塞式、柱塞式和摆动式 3 种。下面以活塞式液压缸为例介绍液压缸的组成及工作情况。

活塞式液压缸分为双出杆活塞式液压缸和单出杆活塞式液压缸两种类型。图形符号如图 7-15 所示。

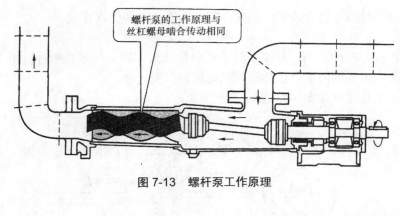

图 7-13　螺杆泵工作原理

螺杆泵的工作原理与
丝杠螺母啮合传动相同

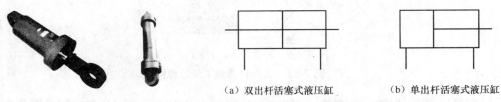

图 7-14　液压缸

（a）双出杆活塞式液压缸　　（b）单出杆活塞式液压缸

图 7-15　活塞式液压缸图形符号

双出杆活塞式液压缸中被活塞分隔开的液压缸两腔中都有活塞杆伸出，且两活塞杆直径相等。当流入两腔中的液压油流量相等时，活塞的往复运动速度和推力相等。单出杆活塞式液压缸仅一端有活塞杆，所以两腔工作面积不相等。活塞式油缸在安装时可以活塞杆固定，也可以缸体固定。

（2）液压缸由缸筒和缸盖、活塞和活塞杆、密封装置、缓冲装置、排气装置 5 个部分组成。缸筒和缸盖的连接形式常见的有以下几种。

① 法兰式，如图 7-16（a）所示，适用于工作压力不高的场合。特点是易加工、易装拆，但外形尺寸和重量都较大。缸筒一般采用铸铁制造，但用于工作压力较高场合时常采用无缝钢管制作的缸筒。

② 螺纹式，如图 7-16（b）所示，在机床上应用较多，特点是外形小、重量轻，但端部结构较复杂，装拆需使用专用工具。

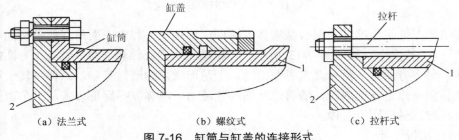

（a）法兰式　　　　　　（b）螺纹式　　　　　　（c）拉杆式

图 7-16　缸筒与缸盖的连接形式

③ 拉杆式，如图 7-16（c）所示，只用于短缸，结构通用性大，外形尺寸大且较重，常用于无缝钢管或铸钢的缸筒上。

活塞和活塞杆的连接方式很多，机床上多采用锥销连接和螺纹连接。锥销连接一般用于双出杆液压缸，如图 7-17（a）所示，螺纹连接多用于单出杆液压缸，如图 7-17（b）所示。

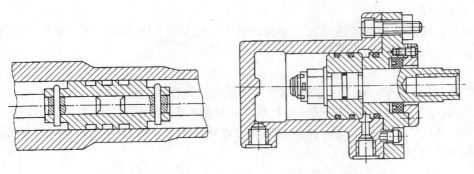

（a）双出杆液压缸　　　　　　　　　　（b）单出杆液压缸

图 7-17　活塞与活塞杆

常见的液压缸密封装置如图 7-18 所示。图 7-18（a）所示为间隙密封，采用在活塞表面制出几条细小的环槽，以增大油液通过间隙时的阻力，特点是摩擦阻力小，耐高温，但泄漏大，用于压力低、速度高的液压缸。

图 7-18（b）所示为密封圈密封，利用橡胶或塑料的弹性作用，使各种截面环贴紧在动、静配合面之间来防止泄漏，特点是结构简单，磨损后有自动补偿性能，密封性能好。

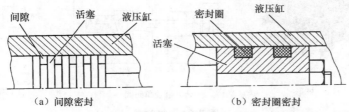

（a）间隙密封　　　　　　　　（b）密封圈密封

图 7-18　密封装置

缓冲装置是为了防止活塞运动到极限位置时和缸盖之间相撞。缓冲装置常用于大型、高压或高精度的液压设备之中。常用缓冲装置如图 7-19 所示，当活塞工作接近缸盖时，活塞和缸盖间封住的油液从活塞上的轴向节流槽流出。节流口流通截面逐渐减小，从而保证了缓冲腔保持恒压而起到缓冲作用。

对稳定性要求较高的大型液压缸则需要设置排气装置，常用的有两种形式：一种是在缸盖最高部位处开排气孔，如图 7-20（a）所示；另一种是在缸盖最高部位处安放排气塞，如图 7-20（b）所示。

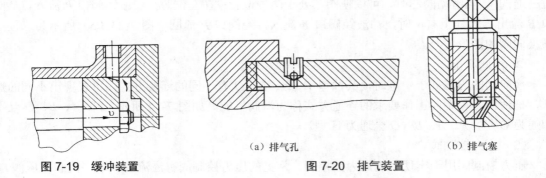

图 7-19　缓冲装置　　　　（a）排气孔　　　　　　（b）排气塞

图 7-20　排气装置

3．液压控制阀

液压控制阀用来控制液压系统中油液的流动方向并调节压力和流量，分为方向控制阀、压力控制阀和流量控制阀 3 大类。

（1）方向控制阀

方向控制阀是控制油液流动方向的阀，包括单向阀和换向阀两种。

单向阀（如图 7-21 所示），又分为普通单向阀和液控单向阀两种，只允许油液从 P_1 到 P_2 单向流动，如图 7-21（a）所示；液控单向阀可以同普通单向阀一样工作，也可以在远程控制口 K 作用下，允许油液 P_1、P_2 口双向流通。

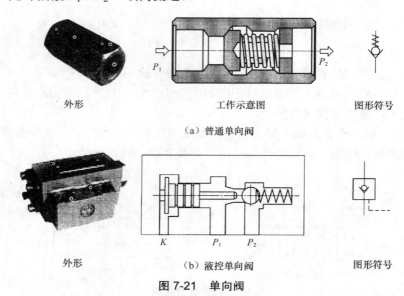

图 7-21　单向阀

换向阀是利用阀芯相对阀体位置的变化，实现油路接通或关断，使液压执行零件启动、停止或变换运动方向。换向阀有多种形式，按阀芯的运动方式分为滑阀和转阀，常见的是滑阀；按阀的工作位置数和通路数可以分为"几位几通"阀，如二位三通阀、三位四通阀等；按操纵控制方式的不同可分为手动控制、电磁控制、液动控制、电液控制和机动控制阀。图 7-22 所示为换向阀操控方式的表示方法。

① 换向原理

图 7-23（a）所示为二位三通换向阀的结构。由图示可以看出，阀体上开有多个通口，而阀芯只有两个位置，称该阀为"二位"；油液流通孔口有 3 个，称"三通"，所以该阀称为"二位三通阀"。当滑动阀芯时，可以使阀芯处于两种位置：在左位时，油液经阀口 P 流入，从阀口 B 流出；当处于右位时，油液经阀口 A 流入，经阀口 P 流回。图 7-23（b）所示为二位三通换向阀的图形符号。

② 滑阀机能

换向阀的阀芯处于中位时，其油口 P、A、B、O 有不同的连接方式，可表现出不同的性质，把适应各种不同工作要求的连通方式称为滑阀机能。如图 7-24 所示，P、A、B、O 互不相通为 O 型，P、A、B、O 全通为 H 型。

（2）压力控制阀

压力控制阀用于实现系统压力的控制。常见的压力控制阀有溢流阀、顺序阀和减压阀。

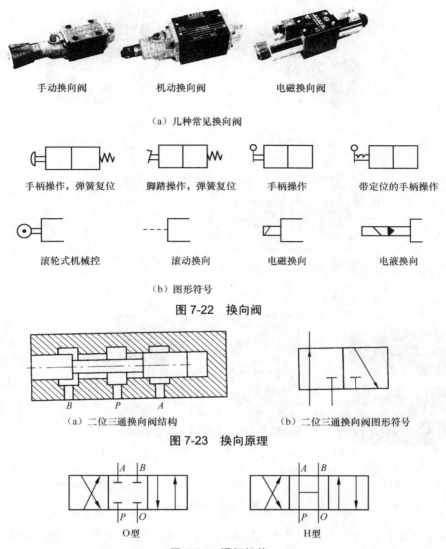

（a）几种常见换向阀

手柄操作，弹簧复位　　脚踏操作，弹簧复位　　手柄操作　　带定位的手柄操作

滚轮式机械控　　　　　滚动换向　　　　　　电磁换向　　　　电液换向

（b）图形符号

图 7-22　换向阀

（a）二位三通换向阀结构　　　　　　（b）二位三通换向阀图形符号

图 7-23　换向原理

O型　　　　　　　　　　　　　　H型

图 7-24　滑阀机能

　　进入液压缸多余的油液经溢流阀流回油箱，保持系统油压基本稳定，此时溢流阀起维持系统压力恒定的作用。溢流阀还可以用来限定系统的最高压力，溢流阀的调定压力通常比系统的最高工作压力高 10%～20%。平时溢流阀阀口关闭时，溢流阀开启并溢流，起安全保护作用。

　　① 直动式溢流阀如图 7-25（a）所示，系统中的压力油直接作用在阀芯上与弹簧力相平衡以控制阀芯的启闭作用。通过旋松或旋紧溢流阀的调节螺钉可调节溢流阀的开启压力。

　　② 先导式溢流阀［如图 7-25（b）所示］由先导阀和主阀两部分组成。先导式溢流阀有一个远程控制口，当它与另一远程调压阀相连时，就可以通过调节溢流阀主阀上端的压力，实现溢流阀的远程调压。

　　③ 顺序阀的作用是使两个以上执行零件按压力大小实现顺序动作，如图 7-26 所示。其中 1 为阀泄油口，2 为阀芯，3 为阀芯端头。顺序阀按结构的不同分为直动式和先导式两种类型。

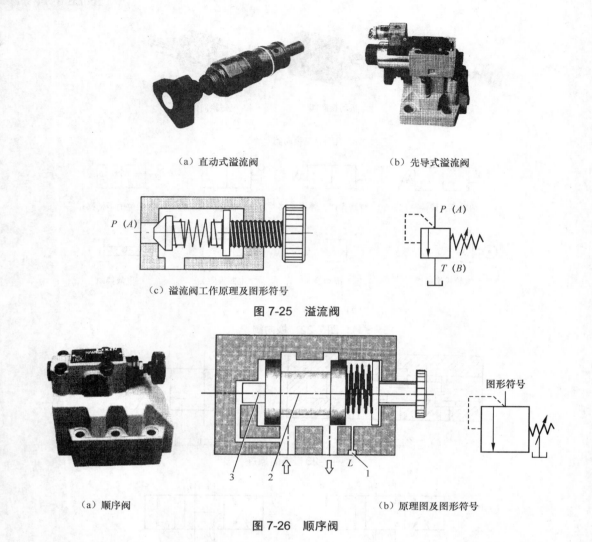

（a）直动式溢流阀　　　　　　　　　　（b）先导式溢流阀

（c）溢流阀工作原理及图形符号

图 7-25　溢流阀

（a）顺序阀　　　　　　　　　　　　（b）原理图及图形符号

图 7-26　顺序阀

④ 减压阀出口压力低于进口压力，其作用是降低液压系统中某一局部的油液压力，还有稳压的作用。根据所控制的压力不同，可分为定值减压阀、定差减压阀和定比减压阀。定值减压阀出口压力维持在一个定值；定差减压阀是使进、出油口之间的压力差不变或接近不变；定比减压阀则是使进、出油口压力的比值维持恒定。

⑤ 定值减压阀在液压系统中应用最为广泛，也简称为减压阀，常用的也有直动式减压阀和先导式减压阀。

图 7-27 所示为直动式减压阀，与弹簧力相平衡的控制压力来自出口一侧，且阀口为常开式。当减压阀的出口压力未达到设定值时，阀芯处于左侧，阀口 A 全开。当出口压力逐渐上升并达到设定值时，阀芯右移，开口量减小，压力损失增加，使出口压力低于设定压力，达到减压的目的。

从外观上看，各种压力控制阀的形状完全一致，是溢流阀、顺序阀还是减压阀，要看阀的铭牌，不能只从形状判断。

减压阀有板式安装和管式安装之分，使用时要分清楚。

相同规格的减压阀，型号不同，安装尺寸可能不同，多数不能直接互换。

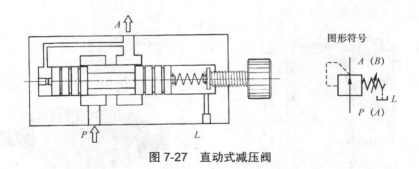

图 7-27　直动式减压阀

（3）流量控制阀

流量控制阀依靠改变阀口通流面积大小来调节通过阀口的流量，达到调节执行零件的运动速度的目的。常用的有普通节流阀和调速阀等。

① 普通节流阀是液压传动系统中结构最简单的流量控制阀，依靠改变节流口的大小，调节执行零件的运动速度。常见的节流口形式如图 7-28 所示。

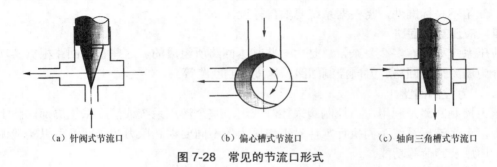

（a）针阀式节流口　　　　　　（b）偏心槽式节流口　　　　　（c）轴向三角槽式节流口

图 7-28　常见的节流口形式

必须注意的是，在液压传动系统中，如果采用定量泵供油，其排量是恒定的，在回路中调节节流阀的节流口大小只是改变液阻，从而改变液流流经节流零件的压力，但总的流量无法改变，因此，执行零件的运动速度不变。只有当系统中有用于分流的溢流阀时，调节节流阀的阀口大小，影响溢流阀口的压力，改变溢流阀的溢流量，才能改变通过节流阀的流量，达到调节执行零件运动速度的目的。因此，节流阀常与定量泵、溢流阀共同组成节流调速系统。节流阀受温度和负载影响较大，常用于温度和负载不大的场合。

② 调速阀（如图 7-29 所示）是将节流阀和定差减压阀串接而成的。当调速阀的进口或出口压力发生波动时，定差减压阀可以维持节流阀前后的压差基本保持不变，克服负载波动对节流阀的影响，保证执行零件的运动速度不因负载变化而变化。

调速阀的图形符号如图 7-29（b）所示。

4．液压辅助零件

液压辅助零件主要由蓄能器、过滤器、油箱、热交换器及管件等。

（1）蓄能器

蓄能器的功能主要用来储存和释放油液的压力能，保持系统压力恒定，减小系统压力的脉动冲击。

图 7-30 所示为活塞式蓄能器。蓄能器内的活塞将油和气体分开，气体从阀门充入，油液经油孔连通系统。工作原理是利用气体的压缩和膨胀来储存和释放压力能。蓄能器用来储存

能量并供入高压系统吸收压力脉动。

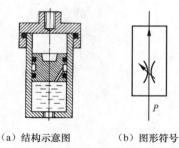

（a）结构示意图　　（b）图形符号

图 7-29　调速阀

图 7-30　活塞式蓄能器

（2）过滤器

过滤器的功用是滤清油液中的杂质，保证系统管路畅通，使系统正常工作。

（3）油箱

油箱的功用主要是储油、散发油液中的热量、释放混在油液中的气体、沉淀油液中的杂质等。油箱不是标准件，需根据系统要求自行设计。

四、液压基本回路

液压系统不管有多么复杂，总是由一些基本回路所组成的。这些基本回路根据其功用不同可分为压力控制回路、方向控制回路、速度控制回路等。

1. 压力控制回路

压力控制回路是利用压力控制阀来控制或调节整个液压系统或液压系统局部油路上的工作压力，满足液压系统不同执行零件对工作压力的不同要求。压力控制回路可以实现调压、减压、增压及卸荷等功能。

（1）调压回路

很多液压传动机械在工作时，要求系统的压力能够调节，以便与负载相适应，这样才能降低动力损耗，减少系统发热。调压回路的功用：使液压系统或某一部分的压力保持恒定或不超过某个数值。调压功能主要由溢流阀完成。

图 7-31 所示为采用溢流阀的调压回路。在定量泵系统中，泵的出口处设置并联的阀来控制系统的最高压力，其工作原理在介绍溢流阀时已有详述。

（2）减压回路

在定量泵供油的液压系统中，溢流阀按主系统的工作压力进行调定。若系统中某个执行零件或某条支路所需要的工作压力低于溢流阀所调定的主系统压力时，就要采用减压回路。减压回路的功用：使系统中某一部分油路具有较低的稳定压力。减压功能主要由减压阀完成。

图 7-32 所示为采用减压阀的减压回路。回路中的单向阀 3 供主油路压力降低（低于减压阀 2 的调整压力）时防止油液倒流，起短时保压作用。

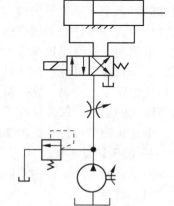

图 7-31　采用溢流阀的调压回路

为了使减压回路工作可靠，减压阀的最低调整压力不应小于 0.5 MPa，最高调整压力至少应比系统压力小 0.5MPa。

（3）增压回路

增压回路的功用：使系统中局部油路或某个执行零件得到比主系统压力高得多的压力。采用增压回路比选用高压大流量泵要经济得多。

图 7-33 所示为采用增压液压缸的增压回路。当系统处于图示位置时，压力为 P_1 的油液进入增压器的大活塞腔，此时在小活塞腔即可得到压力为 P_2 的高压油液，增压的倍数等于增压器大小活塞的工作面积之比。当二位四通电磁换向阀右位接入系统时，增压器的活塞返回，补充油箱中的油液经单向阀补入小活塞腔。这种回路只能间断增压。

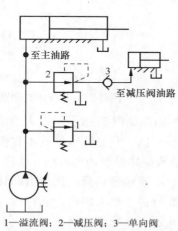

1—溢流阀；2—减压阀；3—单向阀

图 7-32 采用减压阀的减压回路

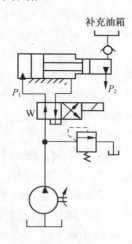

图 7-33 采用增压液压缸的增压回路

（4）卸荷回路

当液压系统中的执行零件停止工作时，应使液压泵卸荷。卸荷回路的功用：使液压泵驱动电动机不频繁启闭，让液压泵在接近零压的情况下运转，以减少功率损失和系统发热，延长泵和电动机的使用寿命。

卸荷回路有许多方式，图 7-34 所示为二位三通换向阀构成的卸荷回路。

利用三位四通换向阀的 M（或 H）型中位机能可使泵卸荷，如图 7-35 所示。

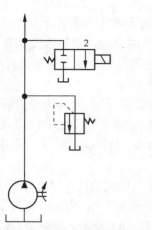

图 7-34 二位三通换向阀构成的卸荷回路

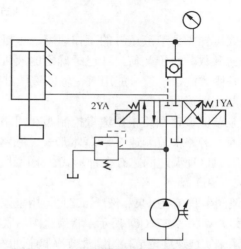

图 7-35 三位四通换向阀构成的卸荷回路

2．方向控制回路

液压执行零件除了在输出速度、输出力方面有要求外，对其运动方向、停止及其停止后的定位性能也有不同的要求。通过控制进入执行零件液流的通、断或变向来实现液压系统执行零件的启动、停止或改变运动方向的回路称为方向控制回路。

采用换向阀的换向回路如图 7-36 所示。

采用不同操纵形式的二位四通（五通）、三位四通（五通）换向阀都可以使执行零件直接实现换向。二位换向阀只能使执行零件实现正、反向换向运动；三位换向阀除了能够实现正、反向换向运动，还有中位机能，不同的滑阀中位机能可使系统获得不同的控制特性，如锁紧、卸荷、浮动等。对于利用重力或弹

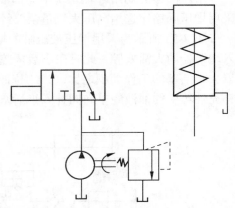

图 7-36　单作用缸的换向回路

簧力回程的单作用液压缸，用二位三通阀就可使其换向，如图 7-36 所示；采用电磁阀换向最为方便，但电磁阀动作快，换向有冲击、换向定位精度低，且交流电磁铁不宜作频繁切换，以免线圈烧坏；采用电液换向阀，可通过调节单向节流阀来控制换向时间，其换向冲击较小，换向控制力较大，但换向定位精度低、换向时间长、不宜频繁切换；采用机动阀换向，可以通过工作机构的挡块和杠杆直接控制换向阀换向，既省去了电磁阀换向的行程开关、继电器等中间环节，换向频率也不会受电磁铁的限制，换向过程平稳、准确、可靠，但机动阀必须安装在工作机构附近。由此可见，采用任何单一换向阀控制的换向回路，都很难实现高性能、高精度、准确的换向控制。

除换向回路外，常用的方向控制回路还有锁紧回路和制动回路等。

3．速度控制回路

（1）调速回路

液压执行零件主要是液压缸，工作速度与其输入的流量及其几何参数有关。在不考虑管路变形、油液压缩性和回路各种泄漏因素的情况下，液压缸的速度 v 存在如下关系：

$$v = \frac{q_V}{A}$$

由上式可知，调节液压缸的工作速度，可以改变输入执行零件的流量，也可以改变执行零件的几何参数。对于几何尺寸已经确定的液压缸和定量马达来说，要想改变其有效作用面积或排量是困难的，一般只能用改变输入液压缸或定量马达流量大小的办法来进行调速。

（2）节流调速回路

定量泵节流调速回路根据流量控制阀在回路中安放位置的不同，分为进油节流调速、回油节流调速、旁路节流调速 3 种基本形式。回路中的流量控制阀可以采用节流阀或调速阀进行控制，因此这种调速回路有多种形式。采用进油路调速如图 7-37（a）所示，采用回油路调速如图 7-37（b）所示。

将节流阀串联在液压泵和液压缸之间，用来控制进入液压缸的流量达到调速目的，为进油节流调速回路，如图 7-37（a）所示；将节流阀串联在液压缸的回油路上，借助节流阀控制液压缸的排油流量来实现速度调节，为回油节流调速回路，如图 7-37（b）所示。定量泵多余油液通过溢流阀流回油箱。由于溢流阀处在溢流状态，定量泵出口的压力 P_p 为溢流阀的调定压力，且基

本保持定值，与液压缸负载的变化无关，所以这种调速回路也称为定压节流调速回路。

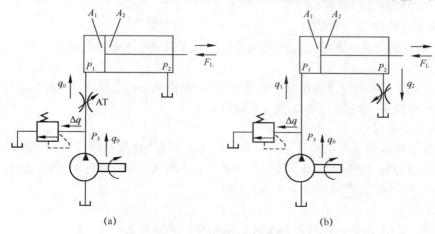

图 7-37 节流调速回路

采用节流阀进油、回油节流调速回路的结构简单，价格低廉，但负载变化对速度的影响较大，低速、小负载时的回路效率较低，因此，该调速回路适用于负载变化不大、低速、小功率的调速场合，如机床的进给系统中。

除节流调速回路外，调速回路还有容积调速回路和速度切换回路等，可参看有关书籍。

五、液压传动系统应用实例

【例题】图 7-38 为液压自动车床的液压进给控制系统。该液压系统中包括压力控制回路、速度控制回路和方向控制回路。分析其各控制回路的作用及工作过程。

（1）压力控制回路

如图 7-38 所示，定量液压泵 3 通过滤油器从油箱 1 中吸取液压油，建立压力能，出口压力由溢流阀 4 调定为 1.2MPa。当三位四通换向阀处于中位且压力油经换油阀中位组成卸荷回路时，油泵的出口压力接近于零，从而减少功率损耗。

（2）方向控制回路

① 利用方向控制阀的换向回路：方向控制是由三位四通电磁换向阀 6 控制，当 1YA 通电、2YA 断电时，换向阀左位接入系统，液压缸 10 的活塞左移，反之活塞右移。

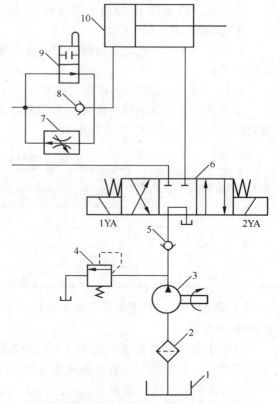

图 7-38 液压自动车床的进给系统

② 利用换向阀的中位机能锁紧回路：当 1YA、2YA 都断电时，滑阀处于中位，利用中位机能，此时液压缸进、出油路均被截断，活塞可被锁止在缸体的任何位置。

（3）速度控制回路

由行程阀 9 和调速阀 7 共同组成速度控制回路。图 7-38 所示为活塞快速运动。而当行程阀被压下时，活塞则由快进转换成慢速进给，实现速度转换。

（4）液压系统的工作分析如下

① 快速前进阶段

电磁铁 1YA 断电、2YA 通电，三位四通换向阀 6 右位接入系统，活塞实现向右快进，其油路是：

进油路—过滤器 2—定量液压泵 3—单向阀 5—换向阀 6—行程阀 9—液压缸 10 左腔；

回油路—液压缸 10 右腔—换向阀 6—油箱 1。

② 工作进给阶段

当快速进给阶段终了，挡块压下行程阀 9，活塞实现工作进给阶段时，其油路是：

进油路—过滤器 2—定量液压泵 3—单向阀 5—换向阀 6—调速阀 7—液压缸 10 左腔；

回油路—液压缸 10 右腔—换向阀 6—油箱 1。

③ 快退阶段

1YA 通电、2YA 断电，此时活塞实现快退动作，其油路是：

进油路—过滤器 2—定量液压泵 3—单向阀 5—液压缸 10 右腔；

回油路—液雁缸 10 左腔—单向阀 8—换向阀 6—油箱 1。

④ 卸荷阶段

1YA、2YA 都断电，换向阀处于中位，液压缸两腔被封闭，活塞停止运动，此时泵卸荷，其油路是：

卸荷油路—过滤器 2—定量液压泵 3—单向阀 5—换向阀 6—油箱 1。

电磁铁和行程阀的动作顺序可参照表 7-3，其中电磁阀通电行程阀压下用"+"表示，电磁阀断电行程阀抬起用"-"表示。

表 7-3　　　　　　　　　　电磁铁和行程阀的动作顺序

电磁铁或行程阀动作顺序	电　磁　铁		行程阀
	1YA	2YA	
快进	-	+	-
工进	-	+	+
快退	+	-	-
原为停止（卸荷）	-	-	-

【例题】目前，数控车床上大多应用了液压传动技术。下面介绍某数控车床的液压系统，如图 7-39 所示。

机床中由液压系统实现的动作有：卡盘的夹紧与松开、刀架的正转与反转、尾座套筒的伸出与缩回。液压系统中各电磁阀的电磁铁动作由数控系统的 PC 控制实现。

液压系统采用单向变量泵供油，系统压力调至 4 MPa，压力由压力计 15 显示。泵输出的压力油经单向阀进入系统，其工作原理如下。

（1）卡盘的夹紧与松开

当卡盘处于正卡（或称外卡）且在高压夹紧状态下，夹紧力的大小由减压阀 8 来调整，夹紧压力由压力计 14 来显示。当 1YA 通电时，阀 3 左位工作，系统压力油经阀 8、阀 4、阀 3 到液压缸右腔，液压缸左腔的油液经阀 3 直接回油箱。这时，活塞杆左移，卡盘夹紧。反之，当 2YA 通电时，阀 3 右位工作，系统压力油经阀 8、阀 4、阀 3 到液压缸左腔，液压缸右腔的油液经阀 3 直接回油箱。这时，活塞杆右移，卡盘松开。

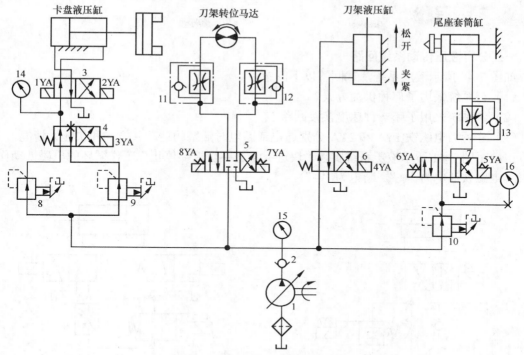

图 7-39　某数控车床的液压系统

当卡盘处于正卡且在低压夹紧状态下，夹紧力的大小由减压阀 9 来调整。这时，3YA 通电，阀 4 右位工作。阀 3 的工作情况与高压夹紧相同。卡盘反卡（或称内卡）时的工作情况与正卡相似。

（2）刀架的回转与夹紧

松开刀架换刀时，首先是刀架松开，然后刀架转位到指定的位置，最后刀架复位夹紧，当 4YA 通电时，阀 6 右位工作，刀架松开。当 8YA 通电时，液压马达带动刀架正转，转速由单向调速阀 11 控制。若 7YA 通电，则液压马达带动刀架反转，转速由单向调速阀 12 控制。当 4YA 断电时，阀 6 左位工作，液压缸使刀架夹紧。

（3）尾座套筒的伸缩运动

当 6YA 通电时，阀 7 左位工作，系统压力油经减压阀 10、阀 7 到尾座套筒液压缸的左腔，液压缸右腔油液经单向调速阀 13、阀 7 回油箱，缸筒带动尾座套筒伸出，伸出时的预紧力大小通过压力计 16 显示。反之，当 5YA 通电时，阀 7 右位工作，系统压力油经减压阀 10、阀 7、单向调速阀 13 到液压缸右腔，液压缸左腔的油液经阀 7 流回油箱，套筒缩回。

该液压系统具有以下特点。

① 采用单向变量液压泵向系统供油，能量损失小。

② 用换向阀控制卡盘，实现高压和低压夹紧的转换，并且分别调节高压夹紧或低压夹紧压力的大小。这样可根据工作情况调节夹紧力，操作方便、简单。

③ 用液压马达实现刀架的转位，可实现无级调速，能控制刀架正、反转。

④ 用换向阀控制尾座套筒液压缸的换向，以实现套筒的伸出或缩回，并能调节尾座套筒伸出工作时的预紧力大小，以适应不同工作的需要。

⑤ 压力计 14、15、16 可分别显示系统相应处的压力，以便进行故障诊断和调试。

一、分析液压传动系统回路

如图 7-40 所示液压系统，试回答以下问题。

（1）该系统采用了何种供油方式？

（2）该系统采用了哪一种速度换接回路？

（3）分析当电磁铁 1YA 和 2YA 分别通电或断电时活塞的运动（方向和快慢）情况。

试填写图 7-41 所示液压系统实现"快进→工进→快退→停止"工作循环的电磁铁动作顺序表（电磁铁通电为"+"，断电为"−"）。

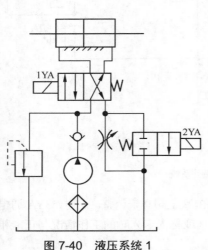

图 7-40　液压系统 1

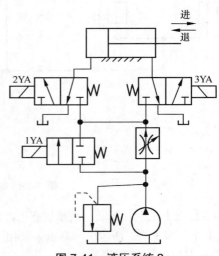

图 7-41　液压系统 2

表 7-4　　　　　　　　　　　　　　电磁铁动作顺序表

	1YA	2YA	3YA
快进			
工进			
快退			
停止			

任务学习评价

一、自我评价、小组评价及教师评价

评价项目	评价内容	分值	自我评价	小组评价	教师评价	得分
基本知识	液压传动的工作原理及传动特点	10				
	液压传动系统的组成	10				
	液压动力零件、执行零件、控制零件和辅助零件的结构，理解其工作原理	20				

评价项目	评价内容	分值	自我评价	小组评价	教师评价	得分
基本知识	液压传动基本回路的组成、特点和应用	10				
	液压传动系统应用实例	10				
基本技能	分析液压传动系统回路	40				

二、个人学习总结

成功之处	
不足之处	
改进方法	

三、习题和思考题

1. 以液压千斤顶的工作过程说明液压传动的工作原理。
2. 液压系统由哪几部分组成？各部分作用是什么？
3. 与机械、电气传动相比较，液压传动有哪些特点？
4. 什么是液压传动系统中的压力、流量？它们的单位是什么？
6. 液压泵的功能是什么？常用液压泵有那几种？
7. 液压辅助零件包括哪些？其功用各是什么？
8. 液压控制阀分为几种？各有什么作用？
9. 基本回路的含义是什么？可以分为几种基本回路？各使用在什么场合？

项目八　气动剪板机

剪板机主要用于剪裁各种尺寸金属板材的直线边缘。在轨钢、汽车、飞机、船舶、剪板机、拖拉机、桥梁、电器、仪表、锅炉、剪板机压力容器等各个工业部门中有广泛应用。在本项目中，我们要了解气动剪板机工作原理及气压传动的相关理论知识。

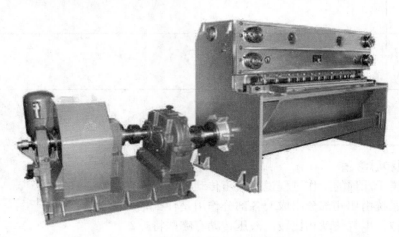

图 8-1　气动剪板机

任务一　分析气压传动系统

学习目标	学时
① 了解气压传动的工作原理、基本参数和传动特点 ② 了解气压传动系统的组成及零件符号 ③ 了解气源装置及辅助零件的结构 ④ 会用气压零件搭建简单常用回路	6

图 8-2 为气动剪板机的结构及工作原理图。从结构图上看，气动剪板机主要是由空气压缩机 1、冷却器 2、分水排水器 3、储气罐 4、分水滤气器 5、减压阀 6、油雾器 7、行程阀 8、换向阀 9、汽缸 10 组成，下面分析该机构的传动系统及工作原理。

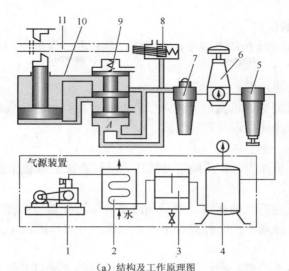

（a）结构及工作原理图

1—空气压缩机；2—冷却器；3—分水排水器；4—储气罐；5—分水滤气器；6—减压阀；7—油雾器；8—行程阀；
9—换向阀；10—汽缸；11—工料

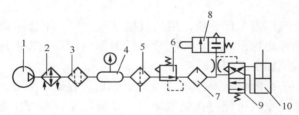

（b）图形符号表示的工作原理图

图 8-2　气动剪切机的结构及工作原理

一、气压传动概述

1．气压传动的工作原理

气压传动的工作原理是，利用由空气压缩机所产生的气压能，在控制零件（阀）的控制下，传输给执行零件，控制执行零件（汽缸），转化为机械能，完成直线运动。

下面以气动剪板机为例，分析气压传动的工作原理。气动剪板机的结构及工作原理如图8-2（a）所示。图8-2（b）所示为气动剪板机的工作原理图，图示位置为剪切前的情况。

空气压缩机 1 产生的空气经后冷却器 2、分水排水器 3、储气罐 4、分水滤气器 5、减压阀 6、油雾器 7 到达换向阀 9，部分气体经节流通路进入换向阀 9 的下腔，使上腔弹簧压缩，换向阀 9 的阀芯位于上端；大部分压缩空气经换向阀 9 后进入汽缸 10 的上腔，而汽缸的下腔经换向阀与大气相通，故汽缸活塞处于最下端位置。当上料装置把工料 11 送入剪切机并到达规定位置时，工料撞下行程阀 8，换向阀 9 的阀芯下腔压缩空气经行程阀 8 排入大气，在弹簧的推动下，换向阀 9 的阀芯向下运动至下端；压缩空气则经换向阀 9 后进入汽缸 10 的下腔，上腔经换向阀 9 与大气相通，汽缸活塞向上运动，带动剪刀上行从而剪断工料。工料剪下后，行程阀 8 的阀芯在弹簧作用下复位，出路堵死，换向阀 9 的阀芯上移，汽缸活塞向下运动，又恢复到剪断前的状态。

2．气压传动系统的组成

如图 8-2 所示，在气压传动系统中，根据气动零件和装置的不同功能，将气压传动系统分成以下 4 个组成部分。

（1）能源零件（气源装置）

能源零件将原动机提供的机械能转变为气体的压力能，为系统提供压缩空气。它由空气压缩机、储气罐、气源净化处理装置等组成。

（2）执行零件

执行零件起能量转换作用，把压缩空气的压力能转换成活塞输出直线运动的机械能。

（3）控制零件

控制零件用来对压缩空气的压力、流量和流动方向进行调节和控制，使系统执行机构按功能要求的程序工作。控制零件的种类有压力、流量、方向和逻辑 4 大类。

（4）辅助零件

辅助零件是用于零件内部润滑、排除噪声、零件间的连接以及信号转换、显示、放大、检测等，如油雾器、消声器、管件及管接头、转换器、显示器、传感器等。

3．气压传动的优点

（1）使用方便，空气作为工作介质，用后直接排入大气，不会污染环境。

（2）快速性好，动作迅速反应快，可在较短的时间内达到所需的压力和速度。在一定的超载运行下也能保证系统安全工作。

（3）安全可靠，可应用于易燃、易爆、多尘埃、辐射、强磁、振动、冲击等恶劣的环境中。

（4）储存方便，压缩空气可储存在储气罐内，随时取用。即使压缩机停止运行，气动系统仍可维持一个稳定的压力。

（5）由于空气的黏度小，流动阻力小，沿程压力损失小。

（6）清洁，基本无污染，应用于高净化、无污染的场合，如食品、印刷和纺织工业。

4．气压传动的缺点

（1）速度稳定性差，空气可压缩性大，汽缸的运动速度易随负载的变化而变化，给位置控制和速度控制精度带来较大影响。

（2）输出压力小，一般低于 1.5MPa。因此，气动系统输出力小，限制在 20～30kN 间。

（3）噪声大，排放空气的声音很大，需要加装消声器。

二、气源装置及气动辅助零件

如图 8-3 所示，气压传动系统是以空气压缩机作为气源装置。一般规定，当空气压缩机的排气量小于 6 m³/min 时，直接安装在主机旁；当空气压缩机的排气量大于或等于 6 m³/min 时，就应独立设置压缩空气站。

1．空气压缩机

空气压缩机是气动系统的动力源，是气压传动的心脏部分，它是把电动机输出的机械能转换成气体压力能的能量转换装置。

气压源及图形符号如图 8-4 所示。

2．气动辅助零件

气动辅助零件是使空气压缩机产生的压缩空气经过净化、减压、降温及稳压等处理，供给控制零件及执行零件，保证气压传动系统正常工作。常用气动辅助零件见表 8-1。

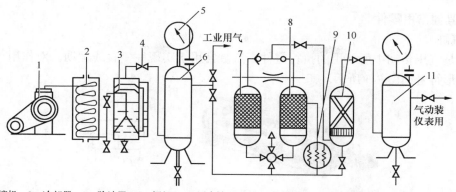

1—空气压缩机；2—冷却器；3—除油器；4—阀门；5—压力计；6、11—储气罐；7、8—干燥器；9—加热器；10—空气过滤器

图 8-3　气源装置

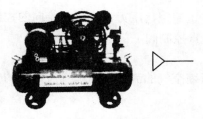

图 8-4　气压源及图形符号

表 8-1　　　　　　　　　　　　　　常用气动辅助零件

名称	说　　明	图示及图形符号
除油器	分离压缩空气中所含的油分、水分和灰尘等杂质，使压缩空气得到初步净化	
储气罐	消除压力波动，保证输出气流的稳定性；储存一定量的压缩空气，作为应急使用；进一步分离压缩空气中的水分和油分	
过滤器	滤除压缩空气中的杂质，达到系统所要求的净化程度	
油雾器	一种特殊的注油装置。它以压缩空气为动力，将润滑油喷射成雾状并混合于压缩空气中，随压缩空气进入需要润滑的部位，达到润滑气动零件的目的	
消声器	消除和减弱压缩气体直接从汽缸或换向阀排向大气时所产生的噪声。消声器应安装在气动装置的排气口处	

三、其他常用零件

1．汽缸

汽缸是气压传动中所使用的执行零件，汽缸常用于实现往复直线运动。双作用单活塞杆汽缸及图形符号如图 8-5 所示。

图 8-5　双作用单活塞杆汽缸及图形符号

2．气压控制阀

气压控制阀是控制和调节压缩空气压力、流量和流向的控制零件。气压控制阀可分为方向控制阀、压力控制阀以及流量控制阀。

（1）方向控制阀

方向控制阀是用来控制压缩空气的流动方向和气流通断的一种阀，是气动控制阀中最重要的一种阀（见表 8-2）。

表 8-2　　　　　　　　　　　　　　方向控制阀

名称	功　用	图示及图形符号
单向阀	只能使气流沿一个方向流动，不允许气流反向倒流	
换向阀	利用换向阀阀芯相对阀体的运动，使气路接通或断开，从而使气动执行零件实现启动、停止或变换运动方向	二位三通电磁换向阀 二位三通气控换向阀

（2）压力控制阀（见表 8-3）

表 8-3　　　　　　　　　　　　　　压力控制阀

名称	功　用	图示及图形符号
减压阀	将从储气罐传来的压力调到所需的压力，减小压力波动，保持系统压力的稳定	

续表

名称	功　用	图示及图形符号
	减压阀通常安装在过滤器之后，油雾器之前。在生产实际中，常把这 3 个零件做成一体，称为气源三联件（气动三大件）	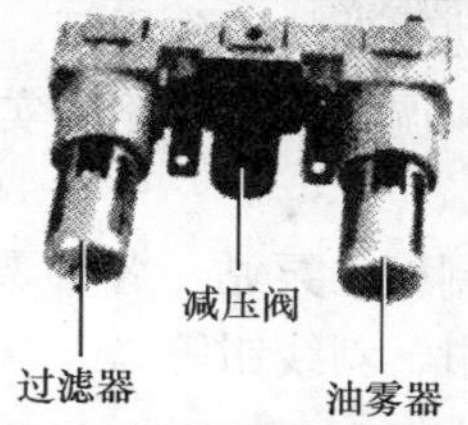 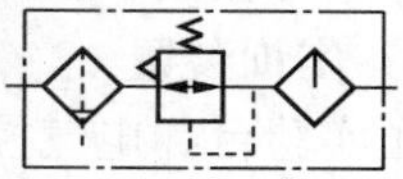 减压阀 过滤器　　油雾器
顺序阀	依靠回路中压力的变化来控制顺序阀执行机构按顺序动作的压力阀	 
溢流阀	溢流阀在系统中起过载保护作用，当储气罐或气动回路内的压力超过某气压溢流阀调定值时，溢流阀打开并向外排气。当系统的气体压力在调定值以内时，溢流阀关闭；而当气体压力超过该调定值时溢流阀打开	 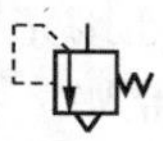

（3）溢流控制阀

流量控制阀是通过改变阀的通流面积来实现流量控制的零件。流量控制阀主要是控制流体的流量，以达到改变执行机构运动速度的目的（见表 8-4）。

表 8-4　　　　　　　　　　　流量控制阀

名　称	功　用	图示及符号
排气节流阀	安装在气动零件的排气口处，调节排入大气的流量，以此控制执行零件的运动速度。它不仅能调节执行零件的运动速度，还能起到降低排气噪声的作用	 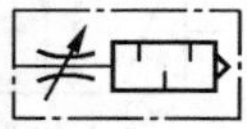
单向节流阀	气流正向流入时，起节流阀作用，调节执行零件的运动速度；气流反向流入时，起单向阀作用	 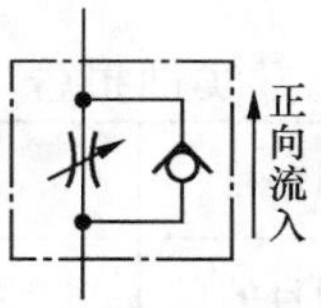 正向流入

基本技能

一、气压传动基本回路实训

（一）实训项目

换向、速度控制基本回路的组装、调试。

（二）实训目的

（1）通过对回路的组装调试，进一步熟悉各种基本回路的组成，加深对回路性能的理解。

（2）加深认识各种气动零件的工作原理、基本结构、使用方法和在回路中的作用。

（3）培养安装、连接和调试气动回路的实践能力。

（三）实训装置

气压实验台、电气控制柜、泵站、各种零件及辅助装置和各种工具（内六角扳手一套、活口扳手、螺丝刀、尖嘴钳、剥线钳等）。

（四）实训内容

参照回路的液压原理图，选择所需的零件、进行管路连接和电路连接并对回路进行调试。

（五）实训步骤

（1）参照回路的原理图，找出所需的零件，逐个安装到实验台上。

（2）参照回路的原理图，将安装好的零件用气管进行正确的连接，并与泵站相连。

（3）根据回路动作要求画出电磁铁动作顺序表，并画出电气控制原理图。根据电气控制原理图连接好电路。

（4）全部连接完毕由教师检查无误后，接通电源，对回路进行调试。

（5）调试完毕，把所有零件拆除并放回原处。

（六）实例——调速回路

回路原理图（如图 8-6 所示）及电气控制原理图（如图 8-7 所示）如下。

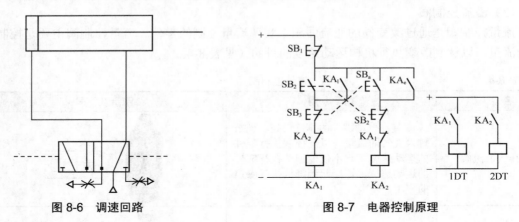

图 8-6　调速回路　　　　　　　　图 8-7　电器控制原理

（七）实训报告

实训项目							
实训目的							
所用零件	名称						
	图形符号						
	型号						
	数量						

续表

画出所组装回路的液压原理图及电气控制原理图，并说明其工作原理。

任务学习评价

一、自我评价、小组评价及教师评价

评价项目	评价内容	分值	自我评价	小组评价	教师评价	得分
基本知识	气压传动的组成及工作原理	20				
	气压传动的特点	10				
	气源装置及气动辅助零件	20				
	汽缸、气压控制阀的结构及功用	10				
基本技能	换向、速度控制基本回路的组装	10				
	换向、速度控制基本回路的调试	10				
	实训报告	20				

二、个人学习总结

成功之处	
不足之处	
改进方法	

三、习题和思考题

1．概括气压传动的优缺点。气动传动系统组成及功用是什么？

2．气动控制阀分几个大类型？二位三通换向阀的"位"与"通"是什么含义？

3．溢流阀、顺序阀和减压阀的符号有什么不同？其功用有何区别？

4．三位四通换向阀的含义是什么？

5．常用气动辅助零件包括哪些？

6．气压其他常用零件包括哪些？其功用各是什么？

附录 常用液压与气动零（辅）件图形符号

（摘自 GB/T786.1—1993）

附表 1 基本符号、管路与连接

名　称	符　号	名　称	符　号
工作管路		管端连接于油箱底部	
控制管路		密封式油箱	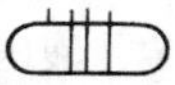
连接管路		连续放气装置	
交叉管路	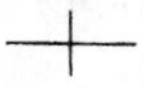	间断放气装置	
柔性管路		单向放气装置	
组合元件框线		带单向阀快换接头	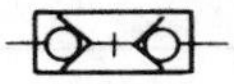
管端在液面以上的油箱	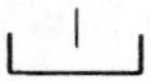	单通路旋转接头	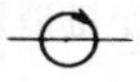
管端在液面以下的油箱		三通路旋转接头	

附表 2 控制机构和控制方法

名　称	符　号	名　称	符　号
按钮式人力控制	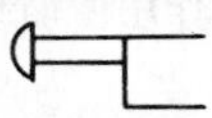	单向滚轮式机械控制	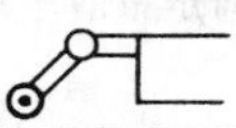
手柄式人力控制	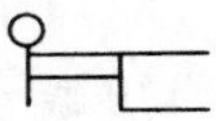	单作用电磁控制	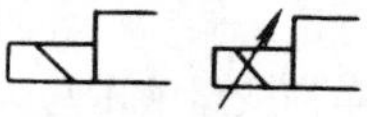
踏板式人力控制	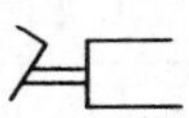	双作用电磁控制	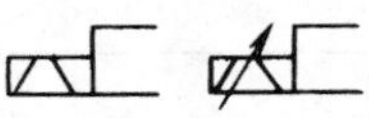
顶杆式人力控制	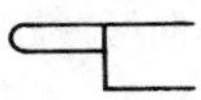	加压或泄压控制	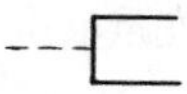
弹簧控制		内部压力控制	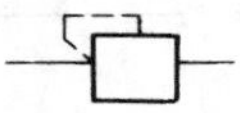
滚轮式机械控制	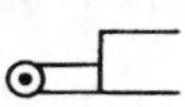	外部压力控制	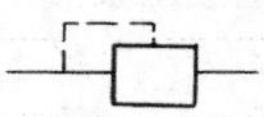

续表

名　称	符　号	名　称	符　号
液压先导控制	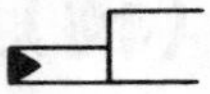	电液先导控制卸压	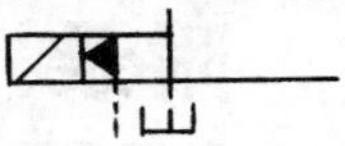
电压先导控制		一般外反馈	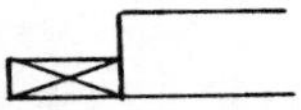
液压先导控制卸压	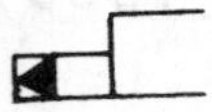	电反馈	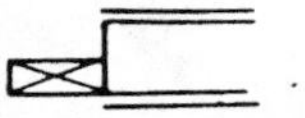

附表3　　　　　　　　　　　　泵、马达和缸

名　称	符　号	名　称	符　号
单向定量液压泵	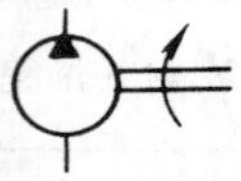	摆动液压马达	
双向定量液压泵	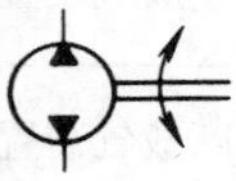	单作用弹簧复位缸	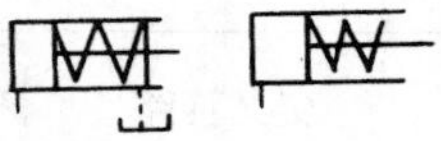
单向变量液压泵	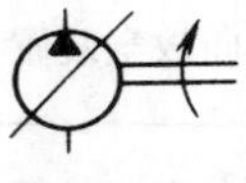	单作用伸缩缸	
双向变量液压泵	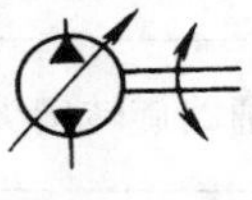	双作用单杆活塞缸	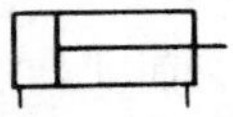
单向定量液压马达	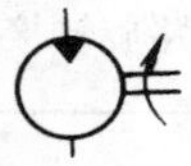	双作用双杆活塞缸	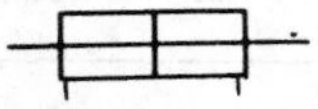
双向定量液压马达		双作用伸缩缸	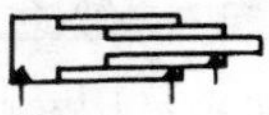
单向变量液压马达		增压器	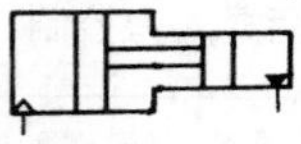
双向变量液压马达		单向缓冲缸	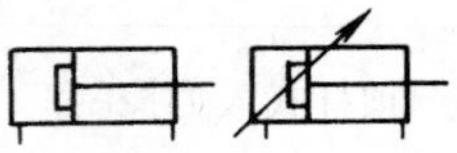
定量液压泵液压马达	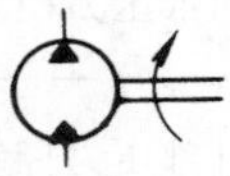	双向缓冲缸	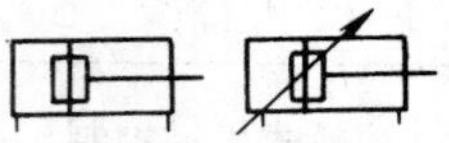

附表 4　　　　　　　　　　控制零件

名　称	符　号	名　称	符　号
直动型溢流阀		卸荷溢流阀	
先导型溢流阀		双向溢流阀	
先导型比例电磁溢流阀		直动式减压阀	
溢流减压阀		先导型减压阀	
先导型比例电磁式溢流阀		直动式卸荷阀	
定比减压阀		制动阀	
可调节流阀		带消声器的节流阀	
可调单向节流阀		调速阀	
定差减压阀		温度补偿调速阀	
直动型顺序阀		旁通调速阀	

续表

名　称	符　号	名　称	符　号
先导型顺序阀	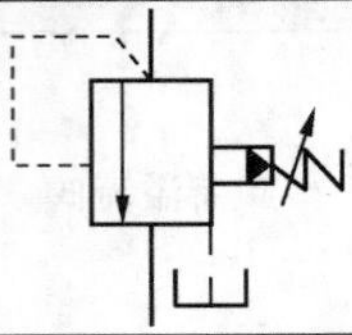	单向调速阀	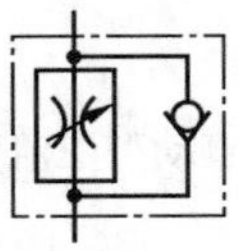
单向顺序阀	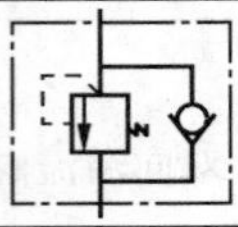	分流阀	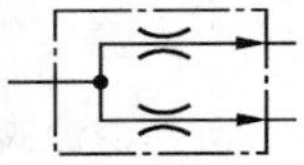
集流阀	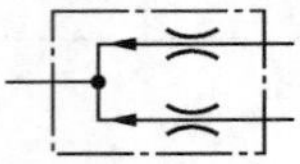	三位四通换向阀	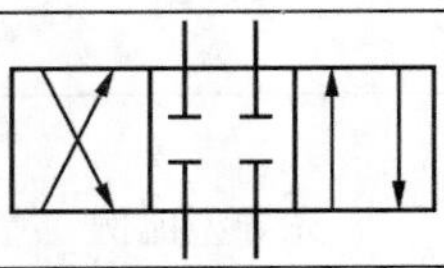
单向阀		三位五通换向阀	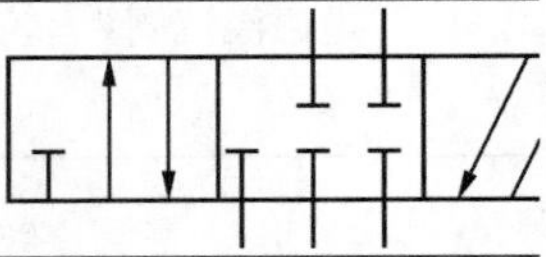
与门型梭阀	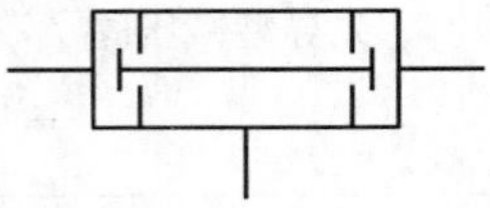	或门型梭阀	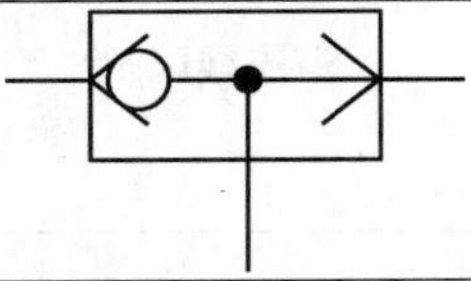
液控单向阀		快速排气阀	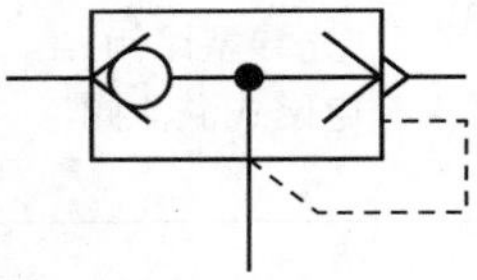
二位二通换向阀	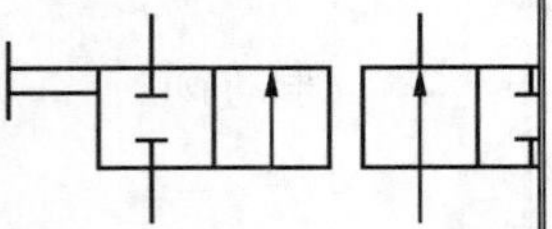	三位四通换向阀	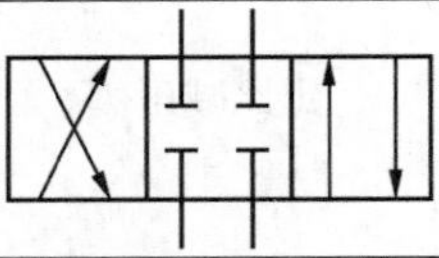
二位三通换向阀	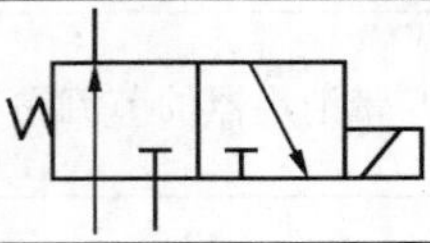	四通电液伺服阀	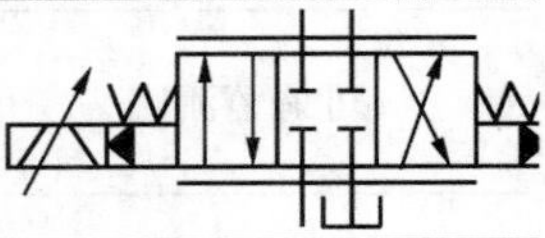
二位五通换向阀	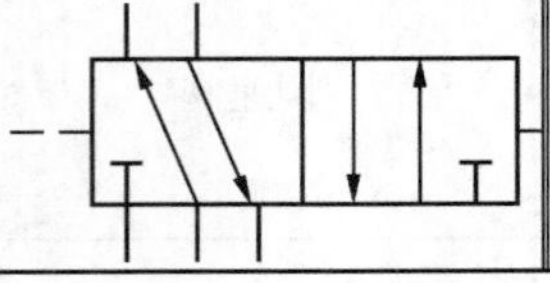		

附表 5　　　　　　　　　　　　辅助零件

名　称	符　号	名　称	符　号
过滤器	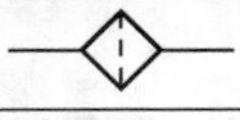	行程开关	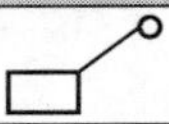
磁芯过滤器		压力计	
污染指示过滤器	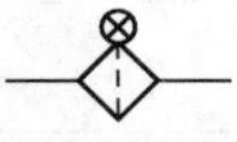	液面计	

续表

名　称	符　号	名　称	符　号
分水排水器		温度计	
压力继电器		流量计	
除油器		油雾器	
加热器		液压源	
冷却器		电动机	
蓄能器		原动机	